U0077686

天下·文化
BELIEVE IN READING

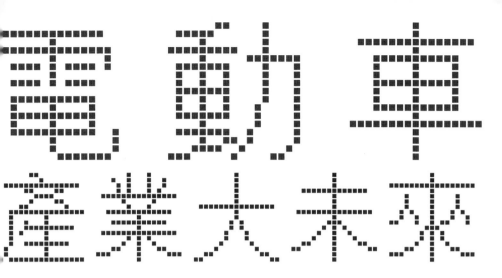

電動車產業大未來

宣明智、傅瑋瓊——著

EVenture

The Biggest Revolution and Business Opportunity in the 21st Century

「它改變了一切，它是一部有輪子的電腦。」
——科學家 克萊格·凡特（J. Craig Venter）

改變，創造新的機會、新的商機！
電動車已經徹底顛覆交通產業，
願我們都能在趨勢中找到定位及機會。

推薦序
掌握機會，發揮能力
——台灣必須參與的電動車大未來

總統府資政　林信義

　　何其有幸，此刻的你我，正見證車輛產業百年一度重大的變革，電動車正是這場變革的主體。

　　與「車」為伍超過五十載的歲月，對我而言，它從不是冷冰冰的機械組合，更承載著夢想與希望的動力，近年來，在科技的驅使與環保的需求下，車子開始扮演著更加多元的角色。有了科技加持，車輛更聰明了，透過物聯網的連結，車子有「思想」，有「視覺」，從過去需要駕駛驅使的運具，逐漸成為能與駕駛者互動的夥伴。

　　綜觀電動車市場這股變革大浪，來得又快又猛，唯有懂得把握時機、確認機會，方可在其間立足。

　　台灣具備著立足洪流並乘風破浪的優異特質，半導體及 IC 資通訊產業是台灣亮眼世界的重要利基，更是電動車的關鍵所在。透過台灣產業比鄰連結，除了可以快速地建立供應模組並形成供應鏈，亦可透過半導體及 IC 資通訊領軍進入市場。放眼世界，台灣有能力做到！

　　從經濟的角度來說，電動車每年數千億美元的商機，台灣產業絕對不應，也不能缺席。台灣在半導體與IC資通訊產業多年來累積的實力，在國際產業供應鏈上已經擁有堅強的實力與重要的地位。電動車趨勢的大未來我們必須積極參與！台灣所有領域的經營者都要努力抓住機會的來臨、辨識機會的所在。再來就是妥善評估自己的優勢能力與資源現狀，為自己在未來的舞台上占據既合適又有分量的角色。觀察近代工業革新發展歷程，台灣產業領先國際的創新與研發能力，更該為電動車奉獻心力，創造功能與價值。

　　幾次與明智兄的交流中，我發現彼此對於電動車的大未來，有著一致的期待。他在跨界領域上具有與眾不同的「觀察角度」與「創新觀點」。身為資通訊科技產業的先驅，明智兄也曾經歷了IC產業的星火燎原，對電動車的全新時代到來，參考產業過去創新合作經驗，熱心積極倡議，扮演著台灣此刻最需要的推手角色。

　　明智兄在半導體科技產業有豐富的產業經驗，近來在生物醫藥領域也有傑出的成就，由他寫出《電動車產業大未來》，內容必然前瞻與宏觀、也對讀者更具吸引力。我作為汽車產業五十年以上的老兵，也為本書描繪的大未來感到驚奇與振奮。很榮幸受明智兄邀請為新書作序，在此基於自己的產業心得與中央政府服務的經

驗，為本書的光彩錦上添花。

　　在此期望每位讀者透過本書感受明智兄對於電動車的熱情，也與我們共同攜手、並肩登高，放大對於電動車產業的新視野。每位讀者的認知與熱情，都將是台灣迎向電動車新紀元的動力。感謝明智兄不吝分享觀察與推動產業的熱情，也期許大家持續推展這股力量，讓台灣在電動車大未來中能大顯身手，大展雄風。

作者序
及時起跑，你就是贏家！

　　四十年前，台灣半導體產業開始萌芽時，我很幸運有機會投身其中，一路見證半導體產業從成長、茁壯到榮盛，參與過這美好的一仗，我不停思索，我的孫子輩新世代的機會在哪裡？

　　我觀察到一個更勝於半導體產業的未來趨勢，正湧起新浪潮，汽車產業面臨百年來最大變革，電動化是變革的主戰場。

　　燃油汽車發展已超過百年，汽車廠向來以引擎為核心，各自擁有封閉的供應鏈體系；然而近年起步的電動車，改變了汽車產業的核心技術，掌握馬達、電池和半導體者將掌握市場，對於擁有強大的資通訊與半導體產業的台灣而言，絕對是個大好機會。

　　「創新」是台灣引以為傲的精神、「效率」則是台灣得天獨厚的條件，在瞬息萬變的電動車產業中，台灣的產業效率將可提供事半功倍的絕佳優勢。未來電動車將會用到更多的半導體，一輛電動車可能使用超過 250 顆晶片。台灣廠商應該在電動車產業中聯手，共同打造整

合生態系，並在政府大力支持下進軍世界盃。

我預估二十年後電動車將完全取代傳統油車，未來電動車市場銷售值將超過晶圓代工產業的二十倍，高階自動駕駛功能車款採用晶片種類將超過 150 種，電動車領域「不參加就沒有機會」。

出版這本書的初衷，是期待透過本書告訴讀者產業浪潮已到，有志者應馬上積極投入，並推動台灣企業強強聯手，乘浪而起，搶占全球電動車市場。不論是台灣或國外企業，不論是個人要創業或就業，搶攻電動車兆元商機，關鍵時間就在眼前。這本書是我進入汽車電子產業二十年的觀察與預測，亦是一本從趨勢、市場、技術到政策、人才，專門為台灣而寫的電動車產業攻略。

此外，我也要特別感謝最懂車子的總統府資政林信義，首肯為我寫序，也感謝吾友楊柏林，同意將他的作品「向未來致敬」作為本書書封。未來的電動車將如同過去半導體產業，在台灣打造更高、更大的護國神山，電動車的崛起，創造了許多投資、就業、展業的大好機會，有心人只要積極投入，抓住機會，必可與趨勢共舞，享受豐盛成果。

天下大亂，形勢大好，及時起跑，你就是贏家！

目錄

前言
移動智慧交通革命新時代
──坐而言不如起而行

　　當一輛歷史超過六十年的福斯 T1 古董車，遇上現代趨勢電動車元素，再加上全家便利商店（簡稱全家），會擦撞出什麼火花？

　　一輛藍白相間車身、綠色頂篷的全家智慧零售電動車（Fami Mobi），亮相了！

　　2022 年 8 月初，在台南科學園區（簡稱南科）首度現身的這輛展示車，只歷時五個月就打造出來，團隊組成到計畫落地實現，不過半年。

一場餐會，催生行動便利商店

　　時間回到 2021 年 12 月 22 日，一場名為「綠能電動行動便利商店」的餐會，由公信電子董事長宣明智作東，台南市經濟發展局副局長蕭富仁、國家發展基金（簡稱國發基金）副執行祕書蔡宜兼、全家數位轉型辦公

室部長黃士杰、創奕能源董事長黃振聲及副總經理丘為臣、合擎董事長羅修賢、采繹行銷副總經理吳智淵、捷能動力科技董事長林士賢和總經理呂百修等十餘人應邀與會。

公信在車用電子耕耘二十年，需要整車機構和安全規範等知識，近兩年來，宣明智多次拜訪合擎和羅修賢交流電動車。

合擎是全球古董車零件模具生產製造龍頭，在古董車市場深耕近二十年，電影「玩命關頭3：東京甩尾」（*The Fast and the Furious: Tokyo Drift*）、「驚天動地60秒」（*Gone in 60 Seconds*）裡狂飆的復古車，就是合擎的鈑件。為了順應電動化潮流，古董車也需要全新的電子裝備，羅修賢董事長這五、六年來為推動復古車電動化，在國內外奔走，尋求合作機會，原本已和裕隆集團的納智捷（Luxgen）合作打造電動復古車，卻因裕隆和鴻海合組鴻華先進，合作計畫中斷。

宣明智於11月12日親訪合擎，研擬討論下述三項議題：一、合擎的復古車電動化需要三電；二、國發基金支持全家數位轉型，打造電動行動商店；三、納智捷URX汽油車由公信領頭組隊改款電動車，有三電的組合——公信的電控、創奕的電池、捷能的電機。這三個相關的項目可以串聯，走出一條復古車電動化的生機。

全球最大古董車零件製造龍頭合擎與裕隆集團華創車電合技術中心合作，成功
將福斯 T1 變成復古的電動車。（合擎提供）

　　但初期數量不大，三電應設法「一兼三顧」多元應
用，要組成團隊合作練兵，零組件一定要國產化、模組
化，借力台灣 IC 供應鏈，創造出可行的商業模式。

　　南科位於台南市新市、善化和安定三區交界，幅員
廣闊，住宅宿舍與廠房間距離遙遠，生活機能並不便
利，為了服務在南科工作的廣大移工，全家數位轉型的
目標，構想仿效日本全家移動販賣車，穿梭在南科及偏

全家以日本全家移動販賣車為構想，打造一支精實的電動車團隊，五個月就完成三電及配件組裝。（全家便利商店提供）

鄉推出行動便利商店。

　　之後，宣明智旋即拜訪台南市副市長、前南科管理局局長戴謙，請教全家智慧零售電動車在南科運行的可能性及相關法令規範。

　　經過一個月初步規劃後進行餐會討論，餐會現場成員，要鐵件有鐵件、要三電有三電、要 IC 有 IC、要整車有整車，當天即拍板定案，以公信、合擎為首，組成「綠能電動行動便利商店」專案團隊，利用合擎已完成的

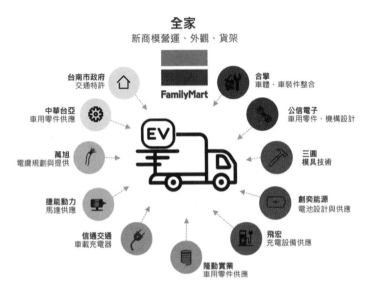

以全家為首的「綠能電動行動便利商店」專案團隊,在兩個月內迅速成軍。
(全家便利商店提供)

復古 T1 車身作為基礎進行開發,並由吳智淵統籌,針對行動便利商店硬體部分串聯合作夥伴。

兩個月組成團隊,五個月打造出展示車

　　台灣價值在於人際網路快速密集的連結,任何計畫最難的部分是決心,一開始就找到合適的策略夥伴,得

　　到合作夥伴的支持意願；原先缺一關鍵元件，經透過高層了解本計畫的重要性後得到支持，解決問題。

　　本專案在台南市政府、南科管理局同意下取得交通特許，「綠能電動行動便利商店」的計畫於是展開。

　　2022 年 2 月 22 日，全家電動車專案系統管理團隊召開首次推動會議，除了公信、合擎、創奕、捷能之外，又找到在車輛零組件、車電產業深耕的飛宏、信通交通、隆勤實業、萬旭、中華台亞、三圓等公司加入團隊，以全家為主軸發展出來的電動車供應鏈，就此串聯成軍。

　　雖受缺料加上疫情影響打亂進度，團隊仍在 7 月底順利完成組裝。

　　一般汽車大廠開發一輛新車，早期驗證結構和功能可行性等，大約一年半才能完成一輛「騾子車（Mule Car）」，但這支精實、扁平化的團隊，五個月就完成三

🚗 **小辭典**

騾子車 ──────

騾子車（Mule car）是指整車開發初期，利用各式現成的零組件、平台，拼裝、改裝組合而成的試製樣車。騾子是馬和驢子混雜而生的產物，利用各種零組件混雜組成的車，即稱為騾子車。

合擎瞄準翻修古董車商機，打造「客製化」古董車零件，幫助老車換心、換腦，活得更好，跑得更遠。（合擎提供）

電及配件組裝，並進行調校、測試、驗證，讓一部車動起來，簡直是「不可能的任務」。

　　T1 復古車加上三電系統，換上電力驅動而重生成為時尚、獨特的智慧零售電動車，開創出一種嶄新的商業模式，一家合作組裝團隊為主組成的技術工程顧問新公司，未來將以全方位的模式推展業務，包括零件銷售、方案推廣、合作開發，以特殊車種為主要推展方向。

　　現階段，對大多數業者來說，電動車產業就像一頭

「大象」，有許多想像空間，大家分別站在不同的位置上探索，愈多的相互交流、愈多了解彼此的想法，就能拼湊出一個意想不到的樣貌。T1 復古車加上行動便利商店，就是最好的例證。

　　電動車的未來世界，來得比想像中快，電動車將成為人類生活日常重要的部分，從交通工具演進到移動智慧載具，成為二十一世紀產業發展千載難逢的大好機會，世界各國都蓄勢待發，準備在世紀爭霸競賽中一展身手！

　　挾著過去在 IT 產業的競爭優勢，搭配台灣各個領域勤勤懇懇、默默耕耘的隱形冠軍、隱形高手，將在電動車時代再度擦亮台灣招牌！

　　夢想其實不遠，行動就是夢想的開始！迎向移動智慧交通革命的浪潮，應從現在就開始。

未來大趨勢（一）

CHAPTER 1

交通產業百年革命

全球淨零，燃油車大限來臨

一個時代的結束，另一個時代開始！

這裡述說的，是歷經百年風華的燃油汽車，和正在興起的電動車。

車輛產業正掀起一場自動化、數位化、智慧化的電動車大革命，燃油車面臨必須終結的命運，電動車（Electric Vehicle, EV）預期在未來十年、二十年後，將全面取代燃油車。

改變的起點，從 2008 年開始。

當時人們對電動車的印象，普遍停留在電動玩具車、電動輔助步行車和高爾夫球車，低速、里程短、充電時間長、電池不夠安全。

當年 37 歲的特斯拉（Tesla）執行長伊隆·馬斯克（Elon Musk），帶著他的心血結晶——兩人座的 Roadster 純電池電動車亮相。這款使用蓮花（Lotus）跑車平台，流線造型的敞篷跑車，被稱作跑得最快的電動車，顛覆世人對電動車的想像。

但徹底翻轉電動車世界的，卻是更早就在馬斯克心中勾勒出的藍圖，要讓電動車更有趣的四人座全電動轎車 Model S。

當駕駛靠近時，按下鑰匙開鎖鍵，感應式門把自動彈出；當駕駛坐定，門把自動縮回；感應式鑰匙啟動車子，不需轉動或按鈕；方向盤右側，是 17 吋解控螢幕，

特斯拉於 2008 年推出的第一款純電動車 Roadster，當時被稱為跑得最快的電動車。

手指一滑，打開天窗；觸控式的主控制台搭載先進的無線傳輸系統，可以串流網路音樂或啟動 Google 導航；可以空中下載更新軟體，修補錯誤⋯⋯。

2012 年上市的 Model S 展現了無限的創新思維，成為電動車的典範。早期 Model S 的車主之一、解碼人類 DNA 的科學家克萊格・凡特（J. Craig Venter）形容：「它

改變了運輸的一切，它是一部有輪子的電腦。」

電動車時代比預期來得快

電動車時代真的要來臨了嗎？

自特斯拉崛起後，短短十餘年間，已讓全球車輛產業翻天覆地的改變。從幾個關鍵數據，可以一窺究竟。

特斯拉的 Roadster 最大續航里程達 393 公里，從 0 到時速 100 公里，加速時間只需 3.7 至 3.9 秒。2018 年 Roadster2 亮相再翻新紀錄，號稱最快的電動跑車進化到大約 2 秒，就可加速到時速 100 公里。

電動車跑得快，更跑得遠。

2015 年，已問世的純電動車平均續航里程是 211 公里，陸續突破 300、400、500 公里，Roadster 2 甚至標榜 1000 公里，電池技術快速精進，發揮近五倍續航力，足以繞行台灣一圈。

各車廠研發新車款不遺餘力，2015 至 2021 年全球可用的電動車型號，從 81 款增加到 450 款；預期到 2022 年將超過 500 款，百花齊放。

2021 年，無疑是電動車在全球汽車產業異軍突起的一年！這一年，光是特斯拉就賣出近 100 萬輛，全球賣出 660 萬輛電動車，是前一年 320 多萬輛的兩倍多，且

圖 1-1 2010 年以來電動車年增銷量及總量

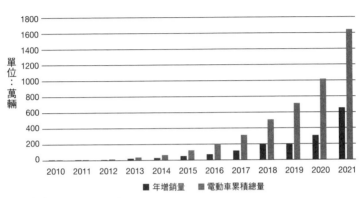

資料參考：國際能源總署

連續兩年成長超過 100％；每個星期全球賣出的電動車超過 12 萬輛（2012 年，全球總共賣出 12 萬輛電動車）。

全球跑在路上的電動車，到 2021 年底已將近 1650 萬輛，相對於全球整體汽車（指四輪以上的車種，不包括二或三輪的摩托車及機動車）總量不及 2％，距離實現電動車時代，似乎仍非常遙遠。

但 2015 年，路上跑的電動車才首度突破 100 萬輛；2020 年底，全球電動車數量首度超過 1000 萬輛大關；從 100 萬輛到 1000 萬輛，十倍的成長，花了五年時間。然而，從 1000 萬輛到 2000 萬輛，預計只需要一年半。

從圖 1-1 來看，電動車的年增銷售量從 2017 年底到 2021 年，有三年銷量翻倍，成長率逾 100％（除了 2019 年之外），四年來的銷售量貢獻了全球電動車存量近八成。

自 2017 年之後，電動車市呈現噴出走勢，當年電動車年度銷售量正式突破 100 萬輛，占整體新車銷售市場的比例正式突破 1％。到 2020 年，占市場銷售比例達 4％，2021 年進一步提高到近 9％。市占率從 1％到 9％，時間軸是四年。

這些數字說明著一項事實，電動車時代將來得比預期更快速。

政策推波助瀾，加速起跑

電動車加速起跑的關鍵，是政策推波助瀾。

時序回到 2021 年 8 月 5 日，美國華盛頓特區，美國總統拜登（Joe Biden）發布一項行政命令，擬定在 2030 年前，電動車銷售量要達到總銷量 40 至 50％的目標。這是美國官方近年來對電動車政策最正式且最明確的宣言。

白宮草坪上，拜登身旁還有美國三大汽車集團執行長——通用汽車（GM）的瑪麗·博拉（Mary Barra）、福特（Ford）的吉姆·法利（Jim Farley）、克萊斯勒母

公司斯特蘭蒂斯（Stellantis）北美首席營運長馬克・史都華（Mark Stewart），三大巨頭親自站台表態支持，甚至共同發表聯合聲明，要在 2030 年前落實拜登的電動車政策目標。

現場最備受矚目的是，在白宮前停放著幾輛電動車 —— 福特 F-150 閃電皮卡、福特 E-Transit、雪佛蘭 Bolt、GMC 悍馬、吉普牧馬人插電式混合動力車，這些都是三大車廠全力打造的旗艦電動車款，以具體行動支持拜登的電動車政策。

美國政府公開表態，拜登率領三大巨頭為電動車的未來鳴槍起跑，這一天，美國按下了燃油車大限的倒數計時器。

中國自然不甘示弱，在 2021 年 10 月底也宣布「2030 年前碳達峰行動方案」，首度正式公開喊出 2030 年新能源動力交通工具要達到 40% 的目標。

中國和美國是全球汽車數量排名前兩大國，占比超過五成，雙方公開表態，意味著電動車正式進入馬拉松賽程。

事實上，早在當年 5 月中旬，拜登造訪位於密西根州的福特電動車中心，不僅親自試駕福特閃電皮卡，還提出 2 兆美元基礎建設方案，其中包括，在 2030 年前投資 1740 億美元，在全美設立 50 萬個電動車充電站，重

點就是要加速電動車普及。

　　政策做多、利用財政激勵措施，是各國推動電動車的普遍做法，例如，實施購買補貼、車輛購置及登記退稅等。2020 年，全球各國政府對電動車購買補貼和稅收減免，花費即高達 140 億美元；此外，為了解決充電問題，政府直接投資安裝公共充電樁，或鼓勵電動車車主在家中安裝充電樁等。

　　根據聯合國資料，2021 年底，歐洲和英國銷售新車已有 20％以上是電動車，2022 年初，歐洲人購買電動車的占比首度超過燃油車，創下新的里程碑。

　　位於北歐的挪威，是全球最積極推動減碳行動、轉型電動化的國家，很早喊出 2025 年前停售汽柴油車的目標。挪威透過電動車免徵內燃機稅、免徵登記稅、增值稅等政策誘因，鼓勵國民採購零排放車輛。

　　政策推手果然吸引買氣。2019 年 3 月，挪威電動車銷售量首度超過燃油車，創下世界新紀錄，成為各國標竿；2022 年初，挪威已有高達 80％的新車為純電動車，是全球交通載具電動化比例最高的國家。

電動車倡議助勢，2030 年將成為新常態？

　　2017 年，是電動車暖身後，準備起跑最關鍵的一年。

圖 1-2 國際氣候公約及電動車倡議時程對照

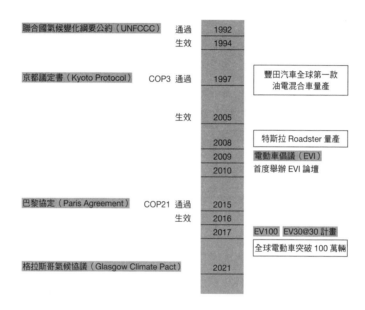

聯合國氣候變化綱要公約（UNFCCC）	通過	1992	
	生效	1994	
京都議定書（Kyoto Protocol）　COP3	通過	1997	豐田汽車全球第一款油電混合車量產
	生效	2005	
		2008	特斯拉 Roadster 量產
		2009	電動車倡議（EVI）
		2010	首度舉辦 EVI 論壇
巴黎協定（Paris Agreement）　COP21	通過	2015	
	生效	2016	
		2017	EV100　EV30@30 計畫
			全球電動車突破 100 萬輛
格拉斯哥氣候協議（Glasgow Climate Pact）		2021	

　　從圖 1-2 的時間軸線，可以清楚看出，過去二十幾年來，電動車崛起的關鍵與軌跡。

　　電動車成為全球關注的話題，和電動車倡議不無關係。2008 年，特斯拉的 Roadster 問世，掀起純電動車的風潮；次年，聯合國召開潔淨能源部長會議（Clean Energy Ministerial, CEM），即提出電動車倡議（Electric Vehicles Initiative, EVI），並自 2010 年開始，每年召開

EVI 論壇，以加速全球電動車的推動及使用。當時，EVI 成員國占全球電動車的 95% 市場，讓電動車議題重新浮上檯面，在國際間的聲量日增。

尤其在 2015 年的聯合國氣候變化大會（COP21）通過《巴黎協定》（*Paris Agreement*）取代《京都議定書》（*Kyoto Protocol*）後，所有國家都須參與減碳行動，且每五年要提出國家自訂貢獻。從政府到企業界都開始意識到，改善地球溫室效應，節能減碳已是當務之急，減碳、淨零的呼籲「不是玩假的」。

2016 年，八個 EVI 成員國簽署並發表「政府車隊共同宣言」（EVI Government Fleet Declaration），承諾增加政府車隊的電動車數目。

小辭典

電動車倡議（EVI）

電動車倡議（Electric Vehicles Initiative, EVI），起源於 2009 年，是聯合國潔淨能源部長會議（CEM）發起的倡議，聯合國潔淨能源部長會議是世界主要經濟體能源部長之間的最高層級的會議及對話。截至 2021 年底，計有 16 個國家參與 EVI，包括：加拿大、智利、中國、芬蘭、法國、德國、印度、日本、荷蘭、紐西蘭、挪威、波蘭、葡萄牙、瑞典、英國和美國。

　　2017 年 6 月，第八屆聯合國潔淨能源部長會議在北京舉行，會中通過由 EVI 提出的「EV30@30」行動，設定在 2030 年電動車占全球新增車輛銷售量 30％的目標。

　　同年，英國氣候組織（The Climate Group, TCG）也提出「EV100」的全球倡議，加入「EV100」的會員企業，必須承諾在 2030 年以前，達成 100％交通載具電動化的目標，讓電動車在 2030 年成為新常態。目前全球已有 120 多家領先企業成為「EV100」的會員，並做出承諾，到 2030 年將企業自有或是租賃的車隊全部轉換為電動車，並為員工和客戶安裝電動車充電站等基礎設備。

　　2018 年，EVI 倡議在哥本哈根舉行，啟動「全球電動車試點城市計畫」，為增加全球電動車普及率，領先的城市彼此間溝通和合作，以創建一個全球性平台。目標五年內，建立至少 100 個電動車友善城市網絡，共同推動電動車的發展，實現「EV30@30」的計畫目標。

　　這些行動和目標，都朝向一個願景 ── 加速交通運輸實現低碳轉型，2030 年全球使用電動車成為新常態。全球車界明顯感受到勢在必行的氛圍，同時意識到，電動車取代汽車是不可逆的發展趨勢，轉型電動車已不容再遲疑不前。

2050 淨零共識，加速燃油車大限來臨

國際能源總署（International Energy Agency, IEA）在 2021 年發布的《2050 淨零路徑》（*Net Zero by 2050*）報告中，建議各國必須在 2035 年全面禁售燃油乘用車。依據國際能源總署永續發展情境預估，2030 年全球電動車存量為 2.3 億輛，占整體汽車市場總量的 12%，相較於等量的內燃引擎汽車，可減少溫室氣體排放三分之二以上。

2021 年 11 月 10 日，在英國蘇格蘭格拉斯哥市召開的第二十六屆聯合國氣候變遷大會，簡稱「COP26 氣候峰會」，會中通過《格拉斯哥氣候協議》（*Glasgow Climate Pact*），要求各國、地方政府、汽車製造商和車隊必須承

🚗 **小辭典**

乘用車 ─────

汽車市場的車輛分類非常多元，整體來看，以乘用車占最大比重，達九成左右。乘用車（Passenger Cars）通常是指四輪、以載人為目的、載客數在九人以下的車型，類型又分成經濟型、家庭型或豪華型的汽車，也包括小型貨車和 SUV（運動型多功能休旅車）。簡單來說，乘用車是除了各類型巴士、公共汽車、卡車、中大型貨車、軍事用途輕型多功能車，和兩輪摩托車、三輪機動車之外的車輛。

諾，在 2040 年，要達成新銷售的卡車、公共汽車 100％零排放的目標。

許多國家、地方政府、汽車製造商、汽車製造投資商、金融機構、車隊營運商等，都紛紛簽署宣言，承諾在 2040 年或更早於 2040 年停售非零排放車輛，為加速轉型 100％零排放的目標，必須在未來十年，即 2030 年擬定更積極的減碳行動。

身為 COP26 東道主的英國政府，在會議後，即宣布全面禁止汽柴油為動力車輛，由 2040 年提前到 2035 年。原本目標在 2040 年達成全面零排放車（Zero Emission Vehicle, ZEV）的加拿大，也提前到 2035 年開始禁售燃油的乘用車和輕型卡車。

2022 年 6 月 8 日，歐洲議會表決通過歐盟執委會提

🚗 **小辭典**

零排放車（ZEV）

零排放車（Zero Emission Vehicle, ZEV），是指不會排放廢氣或有害污染物、不會產生碳排放的電動車輛，像純電池車、氫燃料電池車都屬於新能源車（New Energy Vehicle, NEV）。有些國家對零排放車有不同的定義，例如車輛使用運行時是零碳排，但生產的電池製造過程中，如果利用會產生碳排的方式，則非零碳排；像利用內燃機技術的氫燃料內燃機汽車，因高溫燃燒會排放氣體，也不屬於零排放車。

案，2035 年起，歐盟禁售新款燃油轎車和輕型商用車。

　　至於台灣，雖不採禁售手段，但公開宣示要力拚電動車、電動機車在 2040 年市售比達到 100% 的目標，並規劃綠色運輸，由公共運具先行；另外，廣設充電樁，完善環境，以因應 2050 淨零轉型。

　　依據國際大學氣候聯盟（International Universities Climate Alliance, IUCA） 的 淨 零 追 蹤 器（Net Zero Tracker）統計，到 2021 年 11 月底，宣示 2050 年要達到淨零排放的國家已達 136 國。

　　「2050 年淨零碳排」無疑已成為全球共識！

　　在淨零的期限和訴求下，史無前例的，燃油車被預告有一天將會被淘汰、被取代；而且大限步步進逼，一再被預告提前禁售。如圖 1-3，從各國承諾電動化及零碳排的時間表已可看出，2030 年是「小限」，2040 年是「大限」，當燃油車大限來臨時，燃油車將隕落，放眼 2040 年，電動車將會揚升高飛，一個電動車新世代將真正來臨。

祭出貿易手段、碳關稅，助攻電動車

　　全球面向一個終極的目標——2050 年實現淨零碳排放。但要邁向淨零排放，必須從根本上改變產品的生產

和使用方式。

　　交通運輸部門占全球溫室氣體排放量近 40％，電動車能源消耗，是一般內燃引擎汽車的三分之一，排放量也僅是汽車的四分之一；且電動車的使用會減少石油的需求，對一國能源的運用、配比產生影響。以電動車作為運輸工具，不僅減少空氣污染，也減少噪音污染。

　　追溯過去三十餘年來，聯合國為了挽救地球日益遭破

圖 1-3 各國承諾電動化及零碳排時間表

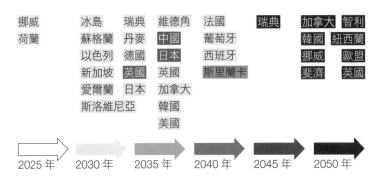

資料來源：國際能源總署

壞的氣候環境，做許多努力，例如，早在 1990 年決議設立政府間氣候變化綱要公約談判委員會（Intergovernmental Negotiating Committee for a Framework Convention on Climate Change, INC），開始起草《聯合國氣候變化綱要公約》（*the United Nations Framework Convention on Climate Change, UNFCCC*），1992 年通過、1994 年生效，隔年起，每年召開 COP 大會協商建立氣候變遷因應之道；但未規範減碳責任。

1997 年在日本召開 COP3 通過《京都議定書》，也僅針對先進國家強制減碳責任；2015 年在法國召開 COP21，197 個國家簽署通過《巴黎協定》，規範擴及所有國家都必須參與，承諾努力把地球升溫幅度控制在「遠低於」攝氏 1.5 度範圍。

《京都議定書》有一個附加協議，是利用市場機制作為解決二氧化碳排放問題的新路徑，也就是把碳排放權當成商品交易，稱為「碳權交易」或稱「碳交易」。並

🚗 小辭典

碳權 ————————

碳權（carbon credit）是碳信用額，或簡稱碳信用，是指排放 1 噸二氧化碳當量的溫室氣體的權利，可以交易的額度或許可證。

預計在 2005 年之前，建立歐盟內部的交易體系。

　　歐盟為履行減量承諾，及減量分擔的協議目標，2003 年通過世界上第一個排放權交易體系——歐盟排放交易體系（European Union Emission Trading Scheme, EU ETS）。

　　《京都議定書》已於 2020 年終止。2021 年底，COP26 通過《格拉斯哥氣候協議》，不僅維持淨零減碳的堅定立場，最重要的是，建立新的全球碳交易市場遊戲規則，規範各締約國之間的「碳排放交易機制」，讓各國能透過買賣「碳權」抵消碳排，減輕自行減碳的成本壓力。

　　由於不同國家對於碳排放管制步調不同，為達成 2050 淨零排放，避免各國因碳管制不同調，而導致碳洩漏（例如，碳排放高的產品進入碳排低的國家，而造成碳轉移），因此，各國在貿易上對碳排放管制愈來愈嚴謹。

　　為了因應歐盟排放交易體系退場，歐盟在 2021 年 7 月 14 日發布草案，公布「碳邊境調整機制」（Carbon Border Adjustment Mechanism, CBAM）；而美、加兩國也研擬討論或提案。

　　歐盟將從 2026 年開始實施碳邊境調整機制，要求進口產品依碳含量繳交碳排憑證，進行把關，對未遵守歐

盟碳排放規定的進口產品徵稅；未來，若出口國的產品碳含量高於進口國的規範時，進口國將對該產品課徵碳關稅。

過去幾年，特斯拉很重要的營收來自賣碳權，獲利高達數十億美元。除了出口歐洲有碳排管制，美國國家公路交通安全管理局（National Highway Traffic Safety Administration, NHTSA）也針對不符合油耗及排放評定標準的車輛，課徵罰金，且將進一步提高。為規避高額罰金，傳統車廠紛紛向特斯拉購買碳權。

在全球淨零以及碳權交易的競合遊戲中，全球各國需要加速採用低碳排、零碳排的車輛，使得電動車已然成為各國社會、經濟及產業發展重要的方向。

半壁江山在望？百年一遇的新藍海

在燃油車大限下，加上聯合國及各國政府祭出激勵措施、大力倡導下，電動車掀起全球熱潮，前景將一路長紅。

面對車輛交通產業二十一世紀的「新藍海」，各研究機構對電動車後市預測，更多轉趨正向且樂觀。

國際能源總署預測，到 2025 年電動車銷售量近 1500 萬輛，2030 年將超過 2500 萬輛，分別占全球所有車輛

（不包括二輪和三輪車，以下同）銷量的 10％及 15％。相對樂觀的 DIGITIMES Research 研究調查，則預估 2025 年銷量達到 2850 萬輛，市場滲透率預期將逾 30％。

　　對於後市，勤業眾信也預估電動車成長可期，在 2020 至 2030 年的十年間，全球電動車複合年成長率將達 29％，預估銷售量 2025 年會增加到 1120 萬輛、2030 年 3110 萬輛。從 2021 年電動車銷量翻倍突破 660 萬輛的紀錄來看，年銷售逾 1000 萬輛已指日可待，且可望比預期提早二至三年。

　　而以各類型車輛來看，占市場比例達八、九成的乘用車，2021 年電動乘用車的滲透率約 9％，預期到 2030 年，滲透率則將近 35％左右，將是未來推動電動車大幅成長的主要動能。

　　各研究調查對未來電動車前景預估有相當落差，以總體市場存量來看，彭博新能源財經（Bloomberg New

🚐 小辭典

市場滲透率 ──────

市場滲透率（Market penetration rate）是指一項產品或商業服務，在市場上目前的需求和潛在市場需求比較，是以現有的需求量除以潛在需求量，得出來的百分比，也代表市的覆蓋程度。

Energy Finance, BNEF）研究分析預測，到 2025 年，全球電動車總量將增加到 7700 萬輛，占所有車輛銷量比例提升到 16％左右。

在既定政策情境下，國際能源總署預估全球電動車總量，會以年平均成長率 30％的速度快速增加，2025 年達 5000 萬輛，到 2030 年接近 1 億 4500 多萬輛，約占整體市場的 7％。但若在永續發展情境下，則預期 2025 年存量達到近 7000 萬輛，到 2030 年達 2 億 3000 萬輛，市占率約 12％。

對電動車而言，這是百年難得一見的大機會，也是產業界千載難逢的轉型時機。若以預測推論，在未來二十年之後，全球燃油汽車一半的市場，都將被電動車所取代。

棄油改電，車廠加快轉型純電動車

2022 年，則是全球純電動車全面啟動的元年。

過去三十年，雖然部分製造廠商已如鴨子滑水，持續研發電動車技術，但由於過去電動車一直是「賠錢貨」，投注大筆研發經費難以回收，車價居高不下，產業界和消費者並不相信電動車會成為流行趨勢。

最大的關鍵是，電動化和智慧化是車輛產業變革的

兩大趨勢，電動車如同一台移動式的電腦、一座移動的資料中心，所有零組件都要電子化，電動車已屬於資訊科技產業範疇，對傳統汽車業者來說，都是新的學習和競賽。傳統汽車大廠多有百年歷史包袱，產業生態從機械產業要轉型到電子電控資訊領域，研發、生產、製造和管理的思維畢竟大大不同，車廠多不敢貿然大幅轉變，使得電動車推展進度緩慢。

　　但特斯拉在 2012 年之後，如旱地拔蔥，在純電池電動車的成果打開世人的全新視野，眼見大限又即將來臨，迫使各大車廠發展電動車的態度改觀，開始加入戰局，研發油電混合車款。2017 年全球電動車倡議聲浪響起後，不得不加快轉型步調，到 2020 年，各大車廠從過去的油車改款油電混合動力車，到陸續推出純電平台的車款，風風火火朝純電動車轉型之路邁進。

- 轉型步調較早的賓士集團（Mercedes-Benz），在 2016 年起，即投資超過 100 億歐元持續研發電動車，目標是 2022 年，賓士旗下超過 10 款不同電動車投入市場。

- 美國汽車巨擘福特在 2021 年初大膽宣示，要在兩年內於 2023 年成為全球第二大電動車廠，一年生產近 60 萬輛電動車。到 2025 年之時，將投入 220 億美元（約新台幣 6000 億元）的鉅資在電動車和

自駕車的發展。

● 過去專注在油電混合動力車款的日本汽車大廠豐
田（Toyota），直到 2021 年底才推出純電動車，
但一口氣布局 16 款新電動車，並決定在三年內自
主研發，推出更有智慧的車載系統。

● 瑞典國寶車廠富豪集團（Volvo），2021 年推出第
一款電動車，目標 2025 年旗下新車款半數將是電
動車，2030 年轉型成純電動車品牌，全面生產電
動車，旗下的燃油車將走入歷史。

● 英國高級豪車品牌賓利（Bentley）也力拚轉型，
宣布 2026 年起不再賣燃油車，2030 年起正式成為
純電動車品牌。

● 日本的本田汽車（Honda）宣布電動車的藍圖，
未來將投注 5 兆日圓（約新台幣 1.2 兆元）研發費
用，目標 2030 年之前，在全球推出超過 30 款電
動車；並早已訂下 2040 年不再銷售燃油車的目標。

● 英國豪車勞斯萊斯（Rolls-Royce）也設下 2030 年
全面電動化的目標，同時將不再生產、銷售內燃
機引擎汽車。

● 自 1990 年即投入純電動車研發的韓國現代汽車集
團（Hyundai），在 2021 年宣示，將投資 520 億美
元，陸續推出 44 款新能源車款，預期 2025 年一

年銷售 100 萬輛新能源車、2040 年實現全產品線電動化的目標。

● 2022 年 4 月初，中國汽車廠比亞迪（BYD）宣布，從 3 月起停止燃油汽車整車生產，未來將專注純電動車和插電式混合動力車產銷。

上述訊息，揭示著全球主要傳統汽車大廠競相轉型的事實，且核心目標瞄向 2030 年全面生產電動化、2030 年或至遲 2040 年不再生產銷售燃油汽車，全面「棄油轉電」。

電動車加速，EV 世代來臨

電動車加速馬力向上提升，燃油車將因大限而黯然退場，命運大不同，預期全球電動車銷售超越燃油車的死亡交叉，會在 2030 年之前出現。

換言之，在十年之內，電動車將攻下半壁江山。根據研究公司彭博新能源財經的預測，到 2030 年，美國銷售的車輛中有一半將是電動車；2040 年，至少有三分之二是電動車。

2022 年，電動車全面啟動，電力十足加速前行，可望迎向未來百年千載難逢的大機會。

電動車「動」起來，除了各國政策持續做多加持之

外，電池成本降低、續航力提升，是電動車愈來愈受市場接受的兩大主要關鍵。

由於電池成本占電動車總成本的四、五成，電池成本下降，減低電動車製造支出，直接反映在電動車售價上，受惠的就是消費者，而銷售量增加，又進一步攤低電池成本。而續航力提升，則是電池技術的進步，效率精進所致。

但相對於汽車，電動車的售價仍不低，目前存在幾個隱憂和挑戰，有待克服，第一是缺乏基礎設施，充電站、充電樁不夠普及；加上各車商製造規格不統一，充電設施沒有標準化。其二，電動車的前期研發、投資成本高昂，墊高了製造費用，使得短期內售價大幅降低不易。另外，發展電動車有龐大的電力需求，電力缺口則是未來值得關注的問題。

電動車的趨勢大潮來襲，將是二十一世紀最夯、前景最被看好的產業，在這場千載難逢的電動車賽局中，大多數企業都站在相同的起跑線上，愈早起跑，愈有機會贏向未來。

明 智 觀 察

1. 電動車將掀起車輛產業百年革命，是千載難逢的大機會。

2. 二十年之後，全球燃油汽車一半的市場，將被電動車取代。

3. 2022 年是純電動車全面啟動元年。

4. 電動車是二十一世紀交通產業的新藍海。

5. 在電動車賽局，愈早起跑，贏面愈大。

未來大趨勢（二）

CHAPTER 2

超越 IC 的新藍海

你不能不知道的電動車

　　電動車成為二十一世紀最「夯」產業，你對電動車了解多少？

　　事實上，電動車並非二十一世紀的產物，電動車比汽車（燃油車）還要早問世。歷史要追溯到十九世紀初，科學家就已發明電動車取代人力和獸力（馬車、牛車等），成為人類的代步工具。

首輛電動三輪車發明早於汽車

　　現代汽車的歷史要從「賓士一號」說起。德國一位機械工程師卡爾・賓士（Karl Benz），在 1885 年研發出世界上第一輛以汽油為動力，靠內燃機發動的三輪汽車，1886 年申請專利，這是汽車史上公認最早的燃油車，並於同年開始生產製造四輪汽車，他即是賓士汽車的創始人，也是把汽油引擎應用在車輛上的始祖。

　　電動車的發明始於何時，雖然莫衷一是，但從各式文獻紀錄來看，出現電動車記載最早是在 1881 年，法國工程師古斯塔夫・特魯夫（Gustave Trouve）製造出一輛以電池組為動力，運用直流電機驅動的電動三輪車，成了歷史上世界第一輛的電動車，時間點的確早於 1885 年首輛汽車的發明。

　　回溯電動車的演進歷史，要從幾個十九世紀初的重

要發明談起。

　　1800 年，義大利的物理教授亞歷山卓·伏特（Alessandro Volta）發明製造伏打電堆（Voltaic Pile），這是世界第一個化學電池，是現今直流電池之始。現今計量電壓的單位伏特（Volta；V），就是以偉大發明人的姓氏命名。

　　英國科學家麥可·法拉第（Michael Faraday）在

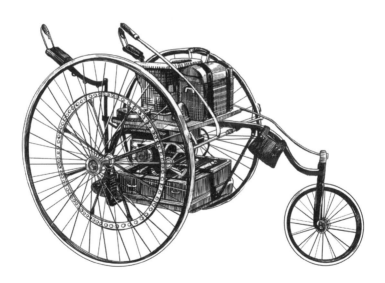

1881 年法國工程師古斯塔夫·特魯夫運用直流電機驅動三輪車，製造出世界第一輛電動車。

1831 年發現電磁感應定律，因而發明了電動機，也就是現代馬達的原型，是科學上重大的創新與貢獻。

一八三〇年代，電池加上馬達，讓交通工具電動化的可能一一浮現，例如 1834 年，美國發明家托馬斯·達文波特（Thomas Davenport）運用自製的直流電動機（也就是馬達），並利用伏特發明的乾電池組，隔年製造出一輛小型電動火車模型，並成功驅動在軌道上行駛，他在 1837 年，獲得美國電機業第一個電動機的專利；1838 年，英國人羅伯特·戴維森（Robert Davidson）也發明用電力驅動在軌道上行駛的火車。

這些「電」動車，使用的都是不可充電的電池作為動力，和現今名為電動車的發明仍無法劃上等號，但後續發展成有軌系統電車，並逐漸取代過去以馬匹拉動、蒸汽機驅動的運載工具，演進成為大眾交通工具的原型。在歐洲擁有數百年歷史的城市中，仍保存有軌電車系統的特殊街景，即是見證十九世紀末電車發明遺留的歷史軌跡。

電池加馬達驅動，成就百年前的電動車

實用型馬達的發明，加上電池技術的創新，是電動車向前推進的重要里程碑。1859 年，一位法國物理學家

加斯東・普朗特（Gaston Planté）發明了可以充電的鉛酸蓄電池，讓電動車展現了不同的面貌。

1881 年，法國工程師古斯塔夫・特魯夫據此研發，設計製造出一輛以鉛酸蓄電池組為動力，運用直流電機驅動的電動三輪車，成了歷史上第一輛電動車。而被稱為史上最偉大的發明家愛迪生（Thomas Alva Edison），也在 1895 年發明一輛用電池驅動的四輪敞篷馬車式電動車，據稱，當時最高時速大約可達 32 公里。

此後，各國發明家大力研發電池和馬達動力，各種電動交通載具陸續問世，尤其是美國市場。曾任職愛迪生公司工程師的亨利・福特（Henry Ford）（美國汽車巨擘福特汽車創始人），和他視為人生和事業「導師」的愛迪生，兩人攜手研發更實用且便宜的電動車。

在電動車演進史中，一九〇〇年代到一九二〇年代之間，可說是最蓬勃發展的時期。

在十九世紀末以前，交通工具是蒸汽機的天下，到二十世紀初，則是蒸汽汽車、電動車和內燃機汽車三足鼎立的年代。

汽車雖然比電動車發明時間來得晚，卻「後發先至」，在一九三〇年代之後取代電動車，成為二十世紀中期至今的交通工具主流。關鍵因素之一，是石油開採技術成熟，汽、柴油取得方便，汽車售價相對便宜，在

1935 年之後，電動車完全被汽車取代，從此一蹶不振，一直到二十一世紀的第一個十年，特斯拉的崛起。

電動車比一比，認識三大類型電動車

電動車和傳統的燃油車——內燃引擎車（Internal Combustion Engine Vehicle, ICEV）最大的差異，在於動力系統，電動車的動力來源是「電」，而汽車則是「汽（柴）油」燃燒的熱能，這也是汽車之所以稱「汽」車的由來。

從結構來看，汽車的驅動系統是引擎，是將油箱中的燃料（汽柴油）點火產生的化學能（熱能），轉化為機械能（動能）的裝置，讓車子行駛；而電動車的驅動系統是馬達，由電池中的電力提供馬達運轉將「電能」轉化為「動能」。簡單來說，電動車是把油箱換成電池，以電能取代燃油，用馬達代替引擎，以電力驅動馬達，帶動車輪運轉。

從電動車的英文「Electric Vehicle」直譯，指的是電子化的運載車輛。廣義來說，只要配備電池及馬達系統，利用「電能」驅動的車子，都可稱為電動車（EV）。

在電動車發展演進過程中，研發出許多電能技術驅動馬達，加上電池研發技術的困難、電池電力持久問題

等因素，而衍生不同形式的電動車，多元化的電動車類型可以概分為以下三大類型：

一、純電動車（BEV）

電池動力車（Battery Electric Vehicle, BEV），是指單純以電池供應動力的車輛，以電池的電能驅動馬達和變流器取代引擎，發揮傳輸動力的功能，這是一般狹義的電動車，或者稱為純電動車。

純電動車沒有引擎、不需要油箱，無需考慮進氣、排氣系統，不會排放廢氣，沒有空氣污染的問題，在環保意識高漲下，逐漸成為近年大多數車廠研發推出的主流車款。世界最知名的電動車大廠特斯拉，就是生產純電動車的代表廠商。

二、混合動力車（HV）

混合動力車（Hybrid Vehicle, HV），或稱複合動力車，是使用兩種以上能源產生動能驅動的車輛，可能同時擁有汽油引擎、電動馬達等兩種以上的驅動系統。常用的能量來源是燃料（包括汽油、柴油、液化石油氣等）、電池、燃料電池、太陽能電池、壓縮氣體等，常用的驅動系統包含內燃機、電動機、渦輪機等技術。

1. 油電混合車（HEV）

在混合動力電動車（Hybrid Electric Vehicle, HEV）中，油、電混合動力是最常見的，因此 HEV 亦稱油電混合車（簡稱為油電車）。油電車同時運用「汽油引擎」和「電動馬達」兩種動力。但一般的油電車並不是透過電網充電，電能是倚賴引擎發電，並透過煞車減速時回收動能，轉換而成；因此，當油電車電量不足時，汽油引擎將自動啟動，帶動發電機充電，故車輛油箱裡一定要有油，不可在完全無油的狀態下行駛。

油電車在車輛起步時，或在市區低速行駛時，是使用電動馬達輔助動力，比起純燃油車，油電混合車的油耗少、加速快，相對也較環保；但由於採用油、電兩種動力系統，需要配備油箱、內燃機和電池等，占用車體空間較大。

對於混合動力的油電車技術發展來說，保時捷（Porsche）車廠創辦人斐迪南・保時捷（Ferdinand Porsche）被譽為油電車發展的先鋒，他發明一輛配置在前輪輪轂上的兩具電動馬達所驅動的電動車。1901 年，這輛車被改良由汽油引擎發電，供電給電動馬達驅動，被視為油電混合車之始。

但油電車席捲全球的起點，卻推遲到二十世紀末。

故事要從 1992 年 1 月 16 日說起。那一天，豐田汽

車發表《地球憲章》（*Earth Charter*），宣示將發展低污染車輛。1997 年，豐田汽車成功推出全球第一款搭載油電混合動力系統的量產車，開啟了二十一世紀油電車款的新頁，豐田汽車也成為領先全球並集大成的油電車廠商代表。

2. 插電式油電混合車（PHEV）

　　隨著創新技術的演進，研發出既可加油，又可充電的插電式混合動力車（Plug-in Hybrid Electric Vehicle, PHEV），或稱插電式油電混合車。插電式油電混合車最大的特色是，可加油，也可以外接電源，利用充電站或家用充電設備，從外部電網為車輛電池充電；換言之，在純電模式下行駛時，如同一般純電池電動車。當電力不足時，引擎將自動啟動，轉換為油電模式下繼續行駛，免除電池續航力不足的焦慮。

　　插電式油電混合車電池容量雖大於油電混合動力車，但比純電動車小，電池續航力大多只有幾十公里，主要是為短程通勤而設計。若是要長途駕駛，則必須仰賴內燃機，利用汽油輔助，因此插電式油電混合車依賴充電站的程度較低，且相對比燃油車環保，又擁有汽柴油車的方便性，兼具油電兩種優勢。

3. 增程型油電混合車（EREV）

另外還有一種增程型油電混合電動車（Extended Range Electric Vehicle, EREV），是增加里程式電動車。和插電式油電混合車類似，增程型油電混合電動車同時擁有燃油引擎、電池和電動馬達，油箱要加油，電池要充電；但兩者最大的不同是，增程型油電混合電動車的引擎是幫電池充電，以增加里程，並不提供動力輸出，車輛的動力來源完全靠電池和馬達。

增程型油電混合電動車是 2007 年，通用汽車為解決純電池車續航力不足的創新設計，但在電池技術及效率提升後，通用汽車已於 2019 年停產這類增程型油電混合電動車，逐漸被純電動車取代。

三、燃料電池電動車（FCEV）

另外，還有一種燃料電池電動車（Fuel Cell Electric Vehicle, FCEV），是搭載燃料發電裝置的電動車，把燃料中的化學能轉換成電能，常見的燃料是氫氣，把儲存的高壓氫氣加上空氣中的氧氣化合反應生成水、電，而放出熱量；其他不同的燃料來源，也是來自於任何能分解出「氫氣」的碳氫化合物，例如天然氣、乙醇和甲烷等燃料來發電。

一般純電池電動車的電池模組必須充電才能運作，

充電需要時間，但燃料電池車則不同，只要加「氫」就能上路行駛，節省等待時間，而且燃料電池發電時只會排放水及熱，因此燃料電池電動車被視為零污染車，屬於真正節能環保的交通工具。

從燃油車過渡到新能源車

如圖 2-1，目前較為市場熟知的是 BEV、HEV、PHEV 和 FCEV 等四種型態，不論是以電池電力驅動，或者是混合動力驅動，抑或是以代用燃料驅動的車輛，由於和過去傳統燃油車搭載的動力裝置不同，這些採用

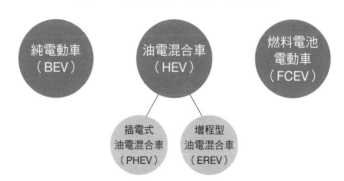

圖 2-1 電動車（EV）的三大類型

新技術、新結構的車輛，也被稱為「新能源車」，是交通移動載具的新未來。

由於環保節能議題的催化，電池電動車和油電混合車將逐漸取代傳統的燃油車，除了內燃式引擎驅動有排放廢氣的問題，從特性和優缺點可以一窺全貌。

如表 2-1 所列，電動車和燃油汽車之間，在結構上明顯不同，傳統汽車是內燃機引擎燃燒汽油和柴油產生熱能與氣體，轉為動能運轉車輛，引擎在燃燒石化燃料時所產生的二氧化碳，變成溫室氣體，也就是環境污染的重要來源。

以純電動車來看，使用電池，不需用油，減少碳排，但電池有使用壽命，且電池更換的成本較高。不同於傳統燃油車內燃機引擎，電動車的馬達運轉時較安靜、平穩，有些車款甚至沒有配備配速箱，不會有換檔時產生的震盪，行駛時順暢，乘坐時相當舒適，啟動爆發力強，效能佳。

目前市面上普遍常見的電動車類型，以純電池電動車和插電式油電混合車兩大類為主，占電動車市場的 99％以上。至於燃料電池因材料成本高昂，導致燃料電池電動車價格高不可攀，是普及化的最大瓶頸，目前燃料電池車數量微乎其微，以 2021 年為例，全球氫燃料電池車僅 5 萬餘輛，僅占全球電動車總量的 0.3％。

表 2-1 電動車、油電混合車及燃油汽車比較一覽表

	電動車	油電混合車	燃油汽車
特性	● 用電池驅動馬達 ● 外接電源利用電網為電池充電	● 油電雙重動力 ● 可用引擎替電池充電 ● 也可外接電源充電	以汽油內燃機引擎驅動
結構	電池 + 電控裝置變流器 + 馬達	油箱 + 引擎 + 變速箱 + 電池 + 電控裝置變流器 + 馬達	油箱 + 引擎 + 變速箱
優勢	● 啟動加速快 ● 行駛時平穩安靜 ● 無污染問題 ● 免徵牌照稅、燃料稅，省稅金 ● 用電比加油便宜	● 省油 ● 減少碳排放	● 發展成熟，車款選擇多 ● 車價相對便宜
缺點	● 售價相對較高 ● 電池效率待精進，以提升續航里程 ● 電池更換成本高	● 售價較燃油車偏高 ● 具油電雙系統，結構較複雜，保養相對困難、維修成本稍高 ● 更換電瓶費用高	● 排放廢氣造成空氣污染 ● 油價較高 ● 維修保養費用較高 ● 負擔燃料稅費

　　燃料電池（Fuel Cell）是一種發電裝置，就像一架發電機，只要儲氣瓶添加燃料「氫氣」，透過化學反應產生電能，就能維持燃料電池的電力，不像一般非充電電池用完即丟，也不像充電電池要持續充電，是名副其實的新能源。加上，燃料電池低污染、低噪音、不用充

電、高效率、壽命長等特性，近幾年來，在國際上研發
趨勢已見增溫。

雄風再起？純電池車是市場主流

　　2008 年，特斯拉推出第一輛使用鋰離子電池的純電
動跑車 Roadster 後，純電池電動車開始備受世人矚目。
但十幾年來，電動車在全世界汽車市場占有率還不到
2%，發展顯然並未如想像順利。

　　電動車一直無法取代汽車，關鍵原因之一和電池技
術有關。不可諱言，由於電池成本高，導致純電池車的
售價居高不下，加上電池效率問題，使電動車演進速度
緩慢，而出現百年來發展推遲甚至出現斷層。

　　然而近幾年，電動車的成長曲線漸呈陡峭突起之
勢，因為電池價格持續下跌，加上電動車銷售量提升，
使得製造成本逐步下降，讓電動車發出更明亮的曙光。

　　在目前的電動車市場，不論是純電動車或油電混合
車，採用插電式充電方式為設計主軸，90%以上都是插
電式的電動車。

　　根據國際能源總署的報告，2021 年所有電動車中
68%是純電動車，現存量達到 1127 萬輛，插電式油電混
合車現存量 522 萬輛，純電動車數量是插電式油電混合

車的兩倍，站穩電動車市場的江湖地位；而以銷量比來看，2021 年純電動車占全部電動車的銷售量近 71％。

　　勤業眾信聯合會計師事務所在《2021 汽車產業趨勢與展望》報告更大膽預測，至 2030 年，純電動車銷售量將會超過 2500 萬輛，將占整體電動車銷售超過八成。

　　未來，在市場滲透率持續加大情況下，純電動車的售價可望調降，加上油電混合車在燃油禁令落實後將退出市場，許多傳統車廠過去以「油」車改款為「油電」車，近一年來，大多改弦易轍，以研發純電平台車款為目標，使得純電動車（插電式）主宰電動車市場的態勢更明確。

　　全球電動車數量在 2017 年突破百萬輛之後，加快成長動能，純電動車市占率也明顯由緩步下降，轉而緩步上揚的趨勢。從圖 2-2 可以看出，插電式油電混合車型在 2012 年至 2014 年快速成長，市占率提升到 40％以上，但 2015 年則開始從高峰下滑，且一路走低。

　　這個現象，主要是因電池效率愈來愈高，純電動車的續航力一再進步，電動車變得愈來愈普遍，以國際能源總署的統計資料，純電動車的平均續航里程，從 2015 年的 211 公里，大增到 2021 年的 350 公里，提升效率明顯可觀。

　　而各車廠發展的策略方向，也明確朝向純電池車。

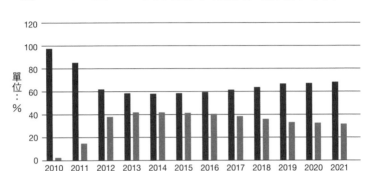

圖 2-2 2010 至 2021 年純電動車及插電式油電車市占比

資料參考：國際能源總署《2022 年電動車展望報告》（*Global EV Outlook 2022*）

2015 年到 2021 年為例，市場上推出的純電動車款，從 55 款大增到 292 款，至於插電式油電混合車則從 31 款增為 158 款，明顯看出兩者差異。

　　隨著純電動車價格持續下降，未來擁有油、電兩套系統的油電混合車，市占比也會逐年大幅減低，依國際能源總署預估，2030 年插電式油電混合車銷量占比可望降到三成以下，達 27%，但這個預測可能來得比預期快，甚至會逐漸消失。

　　特斯拉現居純電池電動車的世界領導地位；而第一家大規模研發生產氫燃料動力車者，則非韓國現代汽車莫屬。燃料電池電動車在 2014 年開始商業化，但因加氫

站並未廣泛設置，市場推展有限，到 2021 年全球總共 5 萬多輛燃料電池電動車，韓國就占了近四成。現代集團是全世界汽車產業中，少數同時提供油電車、插電式油電車、純電池車和燃料電池電動車等車種的廠商。

　　但在減少碳排的呼聲和趨勢下，燃料電池電動車更有效率且更環保，氫燃料電池研發技術若進一步創新和普及，在成本大幅下降的條件下，可望提升市場滲透率，是否能取代油電混合動力車款，則備受業界期待。

　　電動車已不是未來式，而是高速前進中的現在進行式，掀起全球汽車產業百年來的另一波大革命！

明智觀察

1. 電動車發明早於燃油汽車,是一百五十年前的科技智慧。

2. 採用新技術、新結構的新能源車,是移動交通的新未來。

3. 目前的電動車市場,不論是純電動車或油電混合車,插電式的電動車占九成以上。

4. 純電動車將是未來電動車的主流。

未來大趨勢（三）

CHAPTER 3

從載具到移動智慧

未來交通的四大趨勢和技術

一九八○年代，美國有一齣膾炙人口的電視影集「霹靂遊俠」（*Knight Rider*），片頭開場白：「霹靂車，尖端科技的結晶，是一部人性化的萬能電腦車……。」

男主角李麥克（Michael Knight）經常對著手錶喊道：「夥計！」「老哥，馬上到！」一部外型極黑、流線型的霹靂車立即回應，呼嘯前來。這是一輛能對話、會自動駕駛的高科技人工智慧跑車，電子儀表面板閃爍著，顯示各種的數字、燈號。

近四十年之後，科幻片中的情景——無人駕駛的人工智慧車，重現在二十一世紀。

對著手機說「我要叫車」，叫車服務 App 出現後，說出（輸入）目的地，螢幕很快顯示三分鐘車程外有一輛空車，再按下確認，預訂叫車。

三分鐘之後，一輛純白色的車緩緩駛近預訂的上車地點。車頂上凸出一個像是黑色犄角，犄角下方和車身前方，似乎有無數隻眼睛，駕駛座上空無一人，右轉燈亮起，方向盤自行轉動，切入路旁車道，停妥車子。一旁等待的乘客，開啟車門坐上車座，關上車門，無人車即駛往目的地。

這個場景，是在美國亞利桑那州鳳凰城，世界上第一個開放全自駕車叫車服務的地區，也是無人駕駛載客商業化的開端。2020 年中，Waymo 的自動駕駛計程車正

式上路收費營運，雖然受限於法令規範，服務範圍限定在鳳凰城的東谷地區，但已踏出電動自駕車的第一步，開創自動駕駛車叫車服務的新紀元。

自動駕駛叫車上路

　　電動車時代來臨，不僅車輛從「油」轉「電」，車輛自動化和智慧化更是時勢所趨，車輛駕駛方式也從「人」的主動駕駛，轉變為車輛自動駕駛。自駕車，正掀起另一波移動智慧的交通大革命！

　　隨著汽車工業的發展，車輛自動化在二十世紀初即是業界研究的目標，但自動駕駛技術直到二十世紀末，才出現零星研發案例。一九八○年代，美國、德國等地大學，與車廠曾聯手研發自駕車，但自駕技術研發腳步徐緩，走走停停，始終未商業化。

　　當車界開始轉向發展電動車、油電混合車之際，2009 年初，全球搜尋引擎龍頭 Google 提出自動駕駛車計畫，設計 7 款概念車，使用照相機、雷達感應器和雷射測距機等設備「監看」交通狀況，並使用 Google 詳細的街景地圖作為道路導航。

　　2016 年底，Waymo 由 Google 獨立出來，成為母公司 Alphabet 公司旗下的一家子公司。

　　2017 年底，Waymo 全自動駕駛車獲准在鳳凰城道路上測試行駛，且在無人駕駛下測試自駕車，在超過 1600 萬公里的測試後，隔年底，自動駕駛叫車服務正式商轉，自駕車翻開劃時代新頁。

　　Google 掀起自駕車風潮，吸引小馬智行（PonyAI）在矽谷新創公司研發自駕車公司；也讓全球晶片大廠英特爾（Intel）跟進投資專攻自動駕駛科技的以色列公司艾德斯（Mobileye），和寶馬（BMW）、飛雅特克萊斯勒（Fiat Chysler）等集團簽訂合作研發自動駕駛契約。

　　通用汽車 2016 年收購才成立三年的新創公司 Cruise Automation，是透過導入感應器和運算技術，把某些汽車轉化為自駕車，通用透過子公司 Cruise 加速部署自動駕駛技術，2022 年也在舊金山推出自動駕駛叫車服務。

　　而傳統汽車大廠豐田、日產（Nissan）、福特、富豪、福斯（Volkswagen）、賓士集團等大廠才如火如荼跟進推動研發；連電子商務巨擘亞馬遜（Amazon）、智慧手機大廠蘋果（Apple）、汽車零件商博世（Bosch），也紛紛投入自駕車領域。

　　安全是自動駕駛科技的核心目標。由於世界各國的道路環境不同、法令背景也不同，實際檢驗的車輛必須符合各式各樣的測試環境，自動駕駛系統測試面對的是全方位的挑戰。

　　從 2016 年開始，不論是新創或汽車大廠的自駕單位皆投入無人駕駛的測試，從原本的電腦模擬到封閉場域，再到真實的世界道路試行；從路況單純的高速公路，移到動線複雜、路況多的都市街區；從鳳凰城延續到加州舊金山、紐約，從美國、歐洲的德國、以色列耶路撒冷，甚至到亞洲的中國大陸北京、上海，日本的東京等，自駕測試車紛紛在特定區域的街頭現身，宣告自動駕駛技術邁入另一個新的里程碑。

自駕非自駕？自動駕駛的六個分級

　　自駕車是自動駕駛車（Autonomous vehicles, AV）的簡稱，廣義來說，是指具備自動駕駛系統（Automated Driving System, ADS）的車輛。

　　在國際上，自駕車有特別的定義和功能分級標準，目前，SAE J3016 是國際公認最明確、最廣泛使用的自動駕駛及自駕車的「通用語言」。

　　位於美國的國際汽車工程師學會（SAE International），前身是 1905 年成立的汽車工程學會（Society of Automotive Engineers），是全球汽車、航空和商用車輛等運輸行業領域，制定頂級工程學專業技術及標準化的專業組織。2014 年，國際汽車工程師學會首度對自動駕駛做出分級

和定義，提出 J3016《道路機動車輛自動駕駛系統相關術語分類和定義》，明確定義車輛自動駕駛等級從 0 到 5，共分六個級別（詳見 p265 附錄一）。

　　根據 SAE 定義，車輛的「駕駛」有三個主要參與者：用戶（駕駛人）、駕駛自動化系統，以及其他車輛系統和組件。換言之，自駕車就是駕駛方式的改變，從「人」主動駕駛轉換成「系統」自動駕駛。

　　以車輛的自主駕駛程度來看，「人」（駕駛人）在各級別中扮演的角色重要性和分級成反比，也就是分級愈低，「人」的主控性愈高；反之，分級層級愈高，系統的自主性就愈高，「人」的作為就愈少（如表 3-1）。

　　Level 0 的車輛就是一般沒有任何輔助駕駛裝置，若有，也只是警示，駕駛人必須全神貫注、全程操控；Level 1、Level 2 是搭載先進輔助駕駛系統，駕駛有時可以移開腳或手，部分可由系統輔助操控。Level 0 至 Level 2 由駕駛人全程監控駕駛環境，駕駛人手要握方向盤、腳放在踏板上

　　而 Level 3 則是進入自動駕駛的門檻，駕駛「人」雙手可以不握方向盤，眼睛也可以不盯著看路況，看影片、玩手機、收發電子郵件，但是，駕駛人要隨時準備接管突發狀況；到了 Level 4 層級系統可以全程操控，駕駛甚至可以睡覺，但「人」要在駕駛座上；而符合 Level

表 3-1 不同自動駕駛等級的駕駛模式比較表

分級	名稱	控制者	特色
Level 0	無自動化駕駛	人	隨時處在駕駛狀態、時刻監控
Level 1	輔助自動駕駛	人	隨時處在駕駛狀態、時刻監控
Level 2	部分自動駕駛	人	隨時處在駕駛狀態、時刻監控
Level 3	有條件自動駕駛	系統	當系統請求接管時，人必須駕駛車子
Level 4	高度自動駕駛	系統	人只是坐在駕駛座上，在有限制條件下系統自動駕駛；可以不需要方向盤和踏板
Level 5	完全自動駕駛	系統	任何情況都由系統操控；甚至不需要方向盤和踏板

資料參考：SAE J3016

5 的自駕車，是在所有條件下、所有道路環境中自動駕駛，完全不需要駕駛人；符合 Level 4、Level 5 定義的車甚至可以不需要方向盤、煞車踏板的設計，駕駛「人」可以完全由系統取代，又可稱為無人駕駛車。

完全自駕的最後一哩路

　　Waymo 掀起自駕車叫車服務的熱門話題，但一開始營運時，車上仍「配置」一名安全駕駛員，直到 2020 年

10 月，才開始真正「無人」駕駛，車上只有乘客，未見司機。不只是載客，Waymo 同一年也開始無人駕駛的自駕卡車提供送貨運輸服務，但這些車還是配備了方向盤。

美國國家公路交通安全管理局（National Highway Traffic Safety Administration, NHTSA）2022 年 3 月 10 日更新了聯邦汽車安全標準中乘客保護項目，將沒有配備傳統手動控制的自動駕駛車輛納入法規。這是美國政府回應通用汽車自駕技術部門的請求，打造無需人工控制系統，也就是沒有方向盤或煞車踏板的自駕車，在自駕車政策上跨出的重要一大步。

由於無人駕駛的完全自駕車被視為電動車的最後一塊拼圖，對於 Level 4 和 Level 5 等級的系統技術挑戰更高，必須能處理各種複雜情況在安全性、法令如何規範等問題，各國仍有疑慮，在法規面上仍未見鬆綁，相關規範還不完善，邁入全面上路的實用階段，還有一段路要走。

德國向來是自駕車法令政策的先行者，2021 年 5 月間，德國聯邦委員會更進一步通過立法，允許 Level 4 的自駕車在 2022 年可以在德國公共道路上路，再度領先各國。這些紀錄顯示出一個事實，不論是法令或技術，自駕車確實朝著最後一哩路前進。

Level 5 被視為自駕科技的終極目標，從電動車的

EV 時代，再進化到完全自駕的 AV 時代，已不再是遙遠而虛幻的夢想。

但不可諱言，隨著自駕技術的成熟和普及化，各國對於自駕車上路後的相關立法仍停滯不前，是目前發展自駕車最大的阻礙。

完全自駕的核心技術——ADAS

在電動車時代，自駕車更扮演決定勝敗的關鍵角色。自動駕駛和電動車的發展，應是齊頭並進的，因為電子元件易於整合成一體化，加上控制元件，電動車更利於實現自動駕駛技術。

但放眼現實世界，仍多屬 Level 1、Level 2 級別，連穩站電動車銷售寶座的特斯拉，也還努力朝 Level 3 邁進。

標榜全球首度取得國家認證 Level 3 自動駕駛功能的本田汽車，2020 年 11 月正式取得日本國土交通省（相當於各國的交通部）Level 3 認證許可，在 2021 年初正式商業化，初試啼聲，也僅小量生產上市。

在自駕領域始終領先趨勢的德國汽車業者，如博世、賓士等，早在 2013 年開始在高速公路、城市道路及鄉間道路等多種特定環境實地測試自駕車，直到 2021 年底，賓士才取得德國聯邦運輸監管機關認證，同時因符

合聯合國車輛規範，讓 Level 3 自動駕駛車可以在德國及其他國家上路，但只限定行駛在高速道路，且限速在 60 公里內。

即使在高速公路上可以解放雙手，車輛可以自動駕駛、自動跟隨前車行駛，符合 Level 3 的車款，是搭載先進駕駛輔助系統（ADAS）的車輛，也只能算是半自動駕駛車。

ADAS 是輔助駕駛人進行汽車控制的系統，主要是提供駕駛人車輛的運作狀況和行車環境的資訊變化。在預設情況下，ADAS 可以協助控制車輛，提示、警告、協助駕駛控制車輛，甚至當駕駛人反應不及時，也可以直接啟動減速、緊急煞車等功能讓駕駛人提早因應，避

🚗 小辭典

先進駕駛輔助系統（ADAS）

先進駕駛輔助系統（Advanced Driver Assistance Systems, ADAS）是輔助駕駛人控制車輛的系統，包括三個硬體架構：感測器（Sensor）、處理器（Processor）、制動執行器（Actuator），分別負責環境感知、計算分析、控制執行。透過安裝各種感測器，偵測來自四面八方的訊號，由處理器處理後，再傳送訊號給執行器快速應變並執行、控制各種裝置；常見的 ADAS 系統包括車道偏離警示、前方及側方防撞警示、緊急煞車系統、主動巡航控制等。

免交通意外發生；駕駛人還是扮演主要控制操作的角色。

　　嚴格來說，車子搭載了 ADAS 系統，並不代表就是自動駕駛車，但 ADAS 是實現自駕的基本要件，要先建立完善的 ADAS 技術，且 ADAS 使用愈廣泛，才能成就自駕功能。

　　根據世界衛生組織（WHO）的統計，每年約有 130 萬人死於道路交通事故。聯合國發起倡議，呼籲各國採取行動，在 2030 年之前將全球每年的道路死亡率減半，要實現這個目標，加速推展人工智慧化的車輛至關重要，也將進一步推升自駕車研發的動能。

C.A.S.E. 為藍圖，車聯盟、共享服務兩塊重要拼圖

　　自動駕駛成為現今車輛產業的顯學，自動駕駛本身就是一項核心技術，更是智慧交通的關鍵。

　　2016 年，在巴黎車展（Mondial de l'Automobile）上，賓士集團首度發表「C.A.S.E.」四大核心理念的策略方向，分別為：車聯網（Connected）、自動駕駛（Autonomous）、共享與服務（Shared & Services），以及電動化（Electric），以整合此四大領域為目標，積極轉型成為全方位移動服務的提供者。

　　賓士當年提出這項前瞻的計畫，成為全球汽車製造商追隨的標竿，新進者紛紛以車聯網、自駕、共享服務、電動化等四大新趨勢作為藍圖，研發核心技術，尋找新優勢，創造利基。

　　隨著車輛電動化和自動駕駛技術的逐步實現，「C.A.S.E.」四大核心中的另外兩塊——車聯網、共享服務，則是產業發展的另外兩塊重要拼圖。

　　在物聯網的時代，已進入機器與機器、機器與人類、物件與物件之間相互連結的重大變革，不論是實體或虛擬世界的連接，既多樣性且全面化，物聯網、車聯網、傳感技術、大數據分析演算法、人工智慧和機器人技術、無人自主系統也一一應運而生，將共譜出未來世界的美好願景。

　　人類代步的車輛進入電動化、自動化、智慧化，實現高度或完全自駕的境界時，必須結合 5G、雲端運算、人工智慧等高端技術，運用電腦、網路、手機及先進自動化駕駛技術電子裝置，讓車與手機、車與車、車與道路網絡互聯，以輔助駕駛，形成車輛移動的聯網科技，就是車聯網。

　　從傳感技術、機器人學、機器知覺、機器學習到智慧型運輸系統，自駕車的技術牽涉甚廣。未來，車子進入 AI 人工智慧化時代，當自動駕駛技術結合 AI 人工智

慧後，電動自駕車不再只是一輛車，是一部能智慧移動的行動載具，是一部巨大的移動式電腦，更像是一部會移動的機器人，不論在動力、控制、通訊、人工智慧等應用系統的複雜性，對進入車聯網的智慧交通時代，帶來全新且巨大的機會與挑戰。

車聯網就是車子和城市訊息溝通的媒介。為了讓車輛更安全、更聰明的移動，透過車聯網可以提供更多數據資料以利行駛參考，假設，要從甲地到乙地，當輸入目的地後，車子就會自動分析研判，迅速找到最快速、便捷、順暢的路線。

例如，在各路口和道路旁需要布建搭載 5G 的智慧共桿路燈，路燈不僅是路燈，也是交通管制燈號、環境偵測器，更可以是一部充電樁，可以透過遠端監控各路燈聯網狀態，提供各種交通相關的加值應用服務，讓車輛移動時能縮短行車時間，也解決交通壅塞問題。

隨著自駕車、車聯網技術的精進，將加速城市智慧化的來臨。

共享整合，移動即服務

現在發揮一下想像，在自動駕駛和車聯網技術成熟之後的未來世界，當你一早搭上自駕車到辦公地點上班

後，自駕車自動開回家中充電或停放；到了下班時間，
自駕車早已依設定的時間開至辦公地點或指定地，接你
下班回家；你不必再為了找不到停車位而傷腦筋，一來
節省了時間，二來在寸土寸金的都會區，節省了停車空
間和停車費。

　　如果只是上下班通勤往返使用一、兩個小時，其他
閒置時間，自駕車還可以變成 Uber 幫你賺錢；或者在上
下班途中，也可以開放載人共乘，增加收入。

　　甚至，當自駕車更普及便利後，共享服務費用也會
愈來愈便宜，你可能不需要擁有一台自己的車，又節省
了龐大的購車費用。

　　目前業界開發自駕車有兩大方向，一是占市場比重
最大的乘用車，另一則是以車隊服務的概念著手。

　　自駕的趨勢帶動了共享服務的新興商業模式，不僅
提升車輛的使用率，也讓都會交通更有效率，共享的思
維，同時促進社會移動交通方式的轉型。過去自有或長
期租用個人化的用車型態也會隨之改變，個人或家庭、
企業擁有車輛的比重也會逐年下降，被短租或共享服務
的交通工具取而代之。預期在 2030 年之前，自駕技術愈
成熟時，將會是大幅轉型的關鍵時間點，也將使得整個
交通產業出現重大的變革。

　　未來，移動即是服務。

　　以後的交通方式會朝交通行動服務（Mobility as a Service, MaaS）的模式轉型，以整合共享、即時叫車、無人計程車，或是物流配送等商業用途交通行動和服務的車隊為主，透過共享或共乘的服務模式移動，也被稱為「交通即服務」（Transportation as a Service, TaaS）。

　　而自駕車另一個重要的開發用途，大多朝轉乘載客、公共客運接駁巴士、配送中心物流、貨物運輸服務，或結合共享的中小型車輛低運量營運服務、貨運物流運輸服務的車輛，例如，無人計程車（robotaxi）、自駕物流車、送貨車、自駕客運巴士（大巴、中巴）等車款大步邁進。像百度、Uber、Waymo、Cruise 等都是早已布局交通服務行業的先行者。

🚗 **小辭典**

交通行動服務（MaaS） ————————

交通行動服務（Mobility as a Service, MaaS）是一種創新的交通整合服務，2015 年興起的共享服務新觀念，是以使用者為核心，透過打造一個比個人擁有、使用車輛更方便、可靠、經濟的交通服務模式，讓人們從擁有車輛，轉變為擁有和享受交通服務。

台灣自駕技術不落人後

自駕車的風潮也吹向台灣，近年來，政府和民間單位在自駕領域的研究發展不落人後。工研院機械所在2015年開始投入自駕車技術研究；2017年8月，第一輛自駕小巴在台北市信義區封閉道路測試。

2018年11月，立法院三讀通過經濟部擬定的《無人載具科技創新實驗條例》，開放自駕車沙盒實驗，讓自駕車可以合法上路測試。而2019年初，科技部在台南高鐵站旁沙崙特區，打造台灣第一座封閉式自駕車示範場域——台灣智駕測試實驗室，被視為台灣自動駕駛的搖籃。

2019年底，經濟部推出「無人載具沙盒計畫」，迄

🚗 **小辭典**

沙盒計畫 ————

在電腦科學領域，沙盒（sandbox）是一種安全隔離機制，為執行中的程式提供一個封閉而安全的軟體測試環境。這個概念就像是公園設置沙池、沙坑，讓孩童在限定的、安全的環境空間下玩沙，可以自由的發揮創意，以避免受傷。為了確保自駕車的安全無虞，開發者必須提出自駕車模擬分析或封閉場域測試資料，申請在特定開放區域進行模擬自駕能力或測試上路的沙盒實驗計畫。

今核准 11 件專案申請（其中 2 個是船舶），分別在台北、新北、桃園、台中、彰化、台南等地展開測試，多以接駁服務的無人駕駛車輛及自駕巴士測試為主，在地練兵，為迎向國際市場做準備。

　　自駕的研發，已從點對點的高鐵站接駁服務測試、無人自駕巴士載客服務測試，延伸到貨運物流服務測試。2021 年，新竹物流和工研院合作打造國產自駕貨

2021 年，台灣首次出口國產自駕小巴到泰國。（創奕能源科技提供）

車，做點對點的物流運輸服務測試。

隨著全球自駕車的發展進程，台灣研發並強化車輛自駕技術及智慧駕駛能力的腳步並未停歇，預期能找到創新的服務模式和商業機會，帶動車輛相關的零組件業者投身自駕技術領域發展。

目前已有成果展現，2021 年 10 月下旬，三輛國產自駕小巴出口到泰國，就是台灣智慧駕駛公司和創奕能源合作研發製造，是台灣首次輸出自動駕駛平台。

從行動載具到行動辦公室、行動聚寶盆

根據電機電子工程師學會（Institute of Electrical and Electronics Engineers, IEEE）預測，到 2040 年，高達 75％的車輛都將自動化。從 EV 到 AV，在未來智慧化的新世界，自駕車將呈現全新的樣貌，交通載具的概念將出現大翻轉，人們搭車到處移動之際，時間和空間都會獲得解放。

當雙手不再需要緊握方向盤時，駕駛人可以擁有並享受乘車的自由、放鬆；而車內因配置更多智慧裝置、聯網、影音、娛樂系統等，原本空間狹小、侷限的車子，將化身為一台會跑的超級電腦、一座行動辦公室、一個影音劇院、一個娛樂場所……，或兼具行動基地

台、行動電源等功能，還有無限想像和發揮創意的空間。

　　市場產值可望高達數千億美元的自駕車市場，發展商機無可限量。在實現 C.A.S.E 目標的全自駕時代，未來的車子，將是一座數位化、智慧化、人性化的多功能行動聚寶盆。

明智觀察

1. 自動駕駛是移動交通智慧革命的重要目標。

2. 無人駕駛車是電動車的最後一哩路。

3. 車聯網、自駕車、共享服務和電動化是未來車輛產業四大趨勢。

4. 人們將從擁有車輛,轉變為擁有和享受交通行動服務。

5. 進入全自駕時代,電動車不只是一輛車,也是行動辦公室、基地台、影音娛樂室、行動電源等,兼具多功能於一身。

市場大比拚（一）

CHAPTER 4

電動車商機無限

搶攻兩兆美元世界盃

　　美國消費電子大展（Consumer Electronics Show,
CES）是世界上最具影響力的科技盛會，每年1月，位
於美國內華達州的拉斯維加斯會展中心舉辦，一年一度
的美國消費電子展，總是吸引來自全球產業界數以萬計
的專業人士參與；這是突破性技術和全球創新者的試煉
場，也是品牌業務開展和新創公司登場亮相的舞台。

　　換言之，美國消費電子展是新科技、新電子消費產
品的領先指標。近幾年，電動車、自駕車等創新技術產
品，已明顯取代過去電腦、手機等消費性電子產品，成
為展覽會上的亮點。

　　電動車是二十一世紀的明星產業，全球競相比拚、
插旗，納入版圖。這場全球關注的世界盃競賽，市場到
底有多大？

超過晶圓代工市場規模逾二十倍

　　台灣過去在3C、半導體等產業都扮演舉足輕重的角
色，不論是電腦、手機等消費性產品和晶圓代工產業，
在世界上均有口碑，是支撐台灣經濟主要的能量和動
力。以2020年的數據來看，個人電腦在全球的市場銷售
金額是3000億美元、智慧型手機是6000億美元，純晶
圓代工是850億美元。

至於電動車的市場規模，則已超過全球的半導體產業。預期十年內，將進入爆炸成長期，未來二十年內規模會再翻倍，足以支撐幾十座的台灣「護國神山」。

根據國際能源總署的預估，2020 年全球純電池電動車的平均價格約為 4 萬美元。假設電動車隨市場擴大，電池成本和前期投資成本攤提都下降的話，未來一輛車平均售價可望降到 3 萬美元。

在各種車輛（不包括二或三輪）中，有九成比例是屬於乘用車，就電動車的市場滲透率分析，未來電動車的市場規模之大，超乎想像。

根據彭博社（Bloomberg）的數據，2020 年乘用型電動車銷售 320 萬輛，占所有新車銷售量 7300 萬輛的滲透率大約是 4.4%，若以每一輛電動車平均售價 3 萬美元計算，2020 年乘用電動車銷售金額達到 960 億美元，一年創造的商機就超過純晶圓代工。

推估到 2030 年，電動車滲透率 34.7%，年銷售 3300 萬輛，同樣以一輛車售價 3 萬美元計算，市場規模高達 9900 億美元，已超過電腦加上手機總和，也超過晶圓代工的 10 倍。到 2040 年，以滲透率 68.7% 估算，規模高達 1 兆 9800 億美元（如圖 4-1）。

近 2 兆美元的市場規模，比起 2020 年的晶圓代工 850 億美元大了超過二十倍；甚至是 2020 年個人電腦、

圖 4-1 電動車的世界盃有多大？

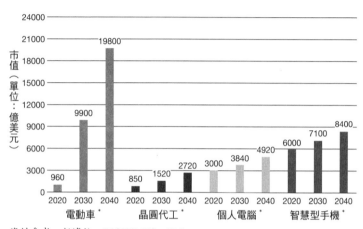

資料參考：彭博社、DIGITIMES、IDC

* 電動車 2030 年以滲透率 34.7％估算；2040 年以滲透率 68.7％估算（參考
彭博社預估）。

* 晶圓代工為純代工不含 IDM（整合元件製造），2030 及 2040 年以年複合
成長率 6％估算（參考 DIGITIMES 預估）。

* 個人電腦 2030 及 2040 年以年複合成長率 2.5％估算（參考 IDC 預估）。

* 智慧型手機 2030 及 2040 年以年複合成長率 1.7％估算（參考 IDC 預估）。

智慧型手機、晶圓代工三者總和的兩倍。

　　半導體產業未來成長仍可期，根據 Digitimes
Research 預估晶圓代工到 2022 年的年均複合成長率
（Compound Annual Growth Rate, CAGR）為 6％。假設
依照這個預估值推演，純晶圓代工到 2030 年、2040 年銷

售規模估算將達 1520 億美元、2720 億美元。

　　至於個人電腦和手機市場因相對成熟，已趨於飽和，成長空間較平緩，根據國際資訊公司 IDC（International Data Corporation）的預估，個人電腦和智慧型手機到 2025 年的年均複合成長率分別為 2.5％、1.7％。依據此水準推估，到 2030、2040 年的銷售額，個人電腦將達到 3840 億美元及 4920 億美元，而智慧型手機分別達 7100 億美元、8400 億美元。

　　與預估 2040 年的銷售額比較，晶圓代工、個人電腦和智慧型手機三者合計為 1 兆 6 千億美元，仍比不上電動車的 2 兆美元。電動車未來的世界盃有多大，由此可見一斑。

　　事實上，這只是乘用車的市場預估，還不包括貨車、卡車、巴士和其他特殊用途等車輛。

　　如圖 4-2 所示，2021 年電動乘用車的銷售量與整體乘用車銷售占比是 9％，電動貨車及卡車銷售量占整體貨卡車比例僅 1％、電動巴士則占所有巴士銷量的 44％，其中電動乘用車及巴士的銷量比則明顯較 2020 年的 4％、39％提高。

　　車輛市場以乘用車為大宗，約占所有車輛（不包括二輪及三輪車）近九成，貨車、卡車、巴士等約一成左右，但以平均售價來看，貨車、卡車售價最少 3 至 5 萬

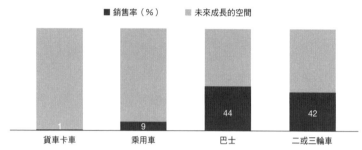

圖 4-2 **各類型電動車銷售率**
（統計至 2021 年底）

■ 銷售率（％）　　■ 未來成長的空間

貨車卡車　　乘用車　　巴士　　二或三輪車

資料參考：彭博社

美元起跳，巴士車輛售價幾乎在 30 萬美元以上，若加上數量龐大的二或三輪電動機車，貢獻的數字絕對比 2 兆美元還要更多。

　　換一個角度來看，未來的成長性更是值得期待的商機。各國預期在三十、五十年內實現轉型為電動車政策，即便汽油車無法全面淘汰，但電動車的銷售占比邁向 80、90％時，整個電動車市場規模、成長動能將不可限量。

　　在台灣股票市場市值中，半導體類股占了 40 至45％，相對來看，電動車市場如此之大，如果台灣企業能抓住時機，成為產業鏈中的重要角色，必能創造新的

經濟奇蹟。

電動車產品區隔差異大

　　市場賽局不僅取決於市場規模，產品的區隔和差異化，也是決定勝負成敗的關鍵要素。產品區隔及差異化創造出市場競賽的空間，因此差異愈大，機會也愈大。

　　拿手機的發展歷程來說，1982 年 1 月，北歐移動電話服務網絡正式開通，諾基亞（NOKIA）推出全世界第一款安裝在汽車內的車載型移動電話。1983 年，摩托羅拉（Motorola）第一款移動式手機問世；到一九九○年代後期，手機逐漸普及，市場百家爭鳴，但因掌握相關技術和創新，兩家公司一直是手機市場的兩大巨頭，領導十九世紀末、二十世紀初的手機主流。

　　直到 2007 年 1 月，蘋果電腦發表第一支 iPhone，改變了手機市場的生態和企業消長。諾基亞和摩托羅拉未能跟上智慧型手機的流行風潮，最終在二十一世紀盡失江山，分別輪落易主、隕滅的命運。

　　2007 年之前，手機是通訊工具；之後，手機是資通訊（Information and Communications Technology, ICT）產品。如今智慧型手機取代傳統手機，已成為現代人日常不可或缺、全球銷量最高的消費性電子產品。

　　2006 年以前，手機產品款式琳琅滿目，就外型的變化，從有天線到無天線、摺疊、翻蓋……，但多離不開長方型式樣，大小盈手可握，差異化甚小；從功能和規格來看，通話、簡訊、照相……，幾乎大同小異。到了 2007 年智慧化之後，外型差異更小，差別在於螢幕大小，功能則多了上網、影視娛樂等，使用性多元。

　　而個人電腦同樣如此，早年 IBM、戴爾（Dell）、惠普（HP）、蘋果等品牌，分食全球個人電腦的市場，除了蘋果電腦作業系統不同，有較大差異外，其他品牌在外型、規模、功能上，差異都不大，不論是戴爾、惠普，或台灣的品牌宏碁（Acer）、華碩（ASUS），差別只在品牌名稱而已。

　　在數十年的成熟發展之後，手機和電腦不論是產品或技術，幾乎已趨於一致。但車輛產業的產品區隔差異化則非常大，先不談二、三輪的機車，乘用車（包括轎車、私家車、計程車等）、休旅車、輕型商用車（皮卡）、貨車、卡車、巴士等，形體大小、規模、功能等都大不相同。

　　電動車的差異化更大於汽車，未來，電動車會趨近消費市場，採取高度本地製造的模式生產，許多條件都會因地制宜，並受到各國各地政府嚴格的管控，管理和遊戲規則也會不同，預期產品差異化將會更大。而且電

動車改款速度快，根據彭博社預估，到 2022 年，全球市面上的電動車款高達 500 多款。

在科技應用上，電動車也非常多元化。

如果把電動車想像成一台「帶著輪子的智慧型手機或個人電腦」，在智慧型手機和電腦上可以做的事，都能在電動車上實現。

電動車的本質是移動載具，速度快，可以把人從甲地載到乙地。不僅如此，電動車可能是一個行動宅？在未來自駕時代，當你需要夜間移動時，啟動自動駕駛模式，在車上可以閉目養神，一覺醒來，已平安抵達目的地；或許也可能是一座行動基地站？移動式的高功率多頻道雙向無線電發射站；也可能是一部移動式的大型行動電源？可以成為小型的儲能設備。

賽場如春秋戰國，是機會也是挑戰

從表 4-1 可以看出個人電腦市場，在 2020 年前五大品牌——聯想（Lenovo）、惠普、戴爾、蘋果、宏碁，市場占有比例分別是 24％、22.4％、16.6％、7.6％、6.9％，前五大就囊括了近八成的市場，高達 77.5％。

而智慧型手機，前六大品牌 2020 年市占比分別是，三星（Samsung）占 19％、蘋果占 15％、華為（Huawei）

表 4-1 個人電腦、智慧型手機及汽車各大品牌市占率
（統計至 2020 年底）

個人電腦		智慧型手機		汽車	
Lenovo	24	Samsung	19	Toyota	8.5
HP	22.4	Apple	15	Volkswagon	7.8
Dell	16.6	Huawei	14	Hyundai	5.4
Apple	7.6	Xiaomi	11	Ford	5.1
Acer	6.9	OPPO	8.4	Honda	4.8
		Vivo	8.2	Nissan	4.2
				Chevrolet	3.9
				KIA	3.3
				Mecedes	3.1
				BMW	2.7
77.5		75.6		48.8	

單位：%

資料參考：IDC 國際數據資訊、Counterpoint 市場調查、Focus2move 國際調查機構

占 14％和小米（Xiaomi）占 11％，皆在兩位數以上，另外 OPPO 和 Vivo 則分占 8.4％、8.2％，合計占 75.6％，四分之三的市場是前六大品牌的天下。

　　汽車由於產品區隔及差異性相對較大，使得市場深

度和廣度大於個人電腦和智慧型手機，競爭的空間也相對更大，競逐的成果更具挑戰性，即使拚命在全球市場上搶攻，前十大汽車品牌第一名市占比也不過8％。統計至2020年底為止，豐田市占率最高，達8.5％、福斯居次占7.8％、現代和福特占5％以上、本田、日產超過4％、雪佛蘭（Chevrolet）、KIA、賓士分占3％以上、BMW則是2.7％。前十大品牌總計48.8％，市占不到五成。

在中國古代歷史上，東周到前秦的春秋、戰國，因社會動盪、群雄爭霸，有實力者得天下。以個人電腦來看，前五大品牌創造了全球近八成的市場，宛如春秋時期的五霸；手機前六大廠，引領潮流，比喻為戰國時代的七雄；而汽車前十大的競爭態勢，如同春秋加上戰國。

但未來的電動車時代，則會像春秋乘以戰國，不論市場規模、機會和挑戰，是一個完全競爭的市場，遠勝於春秋五霸、戰國七雄，或是春秋加戰國十數強。

世界盃評分標準：重要性、營收、獲利

面對電動車的世紀爭霸戰，全球各界都想參賽，取得世界盃的入場資格。但市場之大，面對競爭者，必須要拿出實力，使出渾身解數進入賽道，各憑本事，才能

打贏勝戰。

　　誰有資格得到世界盃的獎牌？如何才能取得勝利？

　　世界盃的獎項，不論是金、銀、銅牌排名，都是依照：一、重要性（Importance）；二、營收（Revenue Contribution）；三、獲利（Profit Earned）三方面來競逐。

　　營收及獲利，全憑銷售實績，數字會說話，勝負將由市場決定。但就重要性來說，不同的行業，不同的商業模式，可以呈現出不同的重要性。

　　舉例來說，在個人電腦領域，有六大品牌——聯想、惠普、戴爾、蘋果、宏碁、華碩，排名互有消長；其他排名還有許多 OEM（製造代工）和 ODM（設計代工）廠，像是仁寶、緯創、鴻海、英業達、廣達，這些品牌在個人電腦市場上也很重要。

　　但是，在電腦業真正最重要的是誰？是微特爾（Wintel）。

　　微特爾是英特爾（Intel）與微軟（Microsoft）的組合，把英特爾的中央處理器（CPU）和微軟的 Windows 作業系統結合，組成 Wintel 的商業聯盟，為電腦內部最重要的組件，成功取代 IBM 在個人電腦的市場主導地位，利潤都拿在手上，在電腦產業中，三十年來打遍天下無敵手。

　　又如手機，誰最重要？非蘋果莫屬。因為蘋果一直

走在前端，定義規格、掌握市場。台灣很多做手機加工的廠商，不論是 OEM、ODM，都很重要，做零件、機殼也很重要；但都敵不過蘋果。

建立品牌很重要，但做到第一名的汽車品牌，市占率也不過 7、8％；製造廠很重要，但已不能像過去一樣，在大陸建立世界工廠，供應全世界。未來全球電動車走向在地製造，車廠會分散在全球各地，在地生產供應在地市場，將來每個國家都要跟車廠合作，也可能跟製造廠合作，一起建立品牌或設計。

將來，誰能掌握海外製造的合作機會，建立全球製造管理體系，成為「電動車製造管理專家」，在全球各地協助打造衛星工廠，或許現在的 OEM 或 ODM 廠，將可能是電動車製造業未來的贏家。

把零組件模組化、平台化，將成為隱形冠軍

台灣整車和車用零配件一年產值大約新台幣 4 千億元左右，但目前市場已趨飽和。不過，台灣在資通訊產業的實力，奠定了電動車領域相關產業的基礎，台灣汽車電子產值成長速度快，已達 2600 億元，預估未來有機會成為兆元產業。

在電動車的全球競逐賽中，台灣不一定要在品牌或

製造產值規模上拿到排名，若能在關鍵零組件成功做到全世界最專精、最具影響力的隱形冠軍，也有機會成為最大贏家。尤其在電動化的架構，關鍵零組件會設計成平台化，朝零組件模組化發展，誰能做出最好的模組，誰就能掌握市場。

　　未來若是台灣有企業或人才可以創新演算法，在電動車市場或自駕技術上，設計出一套「電動車界的Wintel」，就能掌握先機。

　　未來的世界，需要更多的想像空間，用開放的思維，創新求變。

　　現階段，電動車對許多人來說就像「瞎子摸象」，面對一頭不斷成長的大象，就像面對未知，摸不清楚全貌，是正常合理的，但大家一起摸索，盡量去探索、嘗試、想像，摸到什麼是什麼，想像出任何的可能，一點一滴做出成果，只要能在電動車產品銷售額做出貢獻，能獲利賺錢，再創新研發，不停循環，成為不斷進步的動能。

　　面對全球爭霸戰，站在起跑線前，勇於跨出步伐起跑、衝刺，才有機會站上凸台，高舉勝利的獎牌。

明 智 觀 察

1. 電動車全球賽局進入彎道超車後，未來將直線加速前進。

2. 預估二十年後電動車市場規模將達 2 兆美元。

3. 電動車產品區隔及差異化大，創造出的市場競賽空間也大。

4. 不一定要拿下品牌或製造龍頭，但在關鍵零組件上，台灣有機會成為隱形冠軍。

5. 誰能做出最好的零組件模組，誰就能掌握商機。

市場大比拚（二）

CHAPTER 5

交通產業大洗牌

合縱連橫、跨界聯盟創新優勢

2020 年 10 月 16 日鴻海舉辦第一屆鴻海科技日，會中董事長劉揚偉宣布正式進軍電動車領域，同時，當天對外發表要組成一個電動車軟硬體開放平台和關鍵零組件相關技術的聯盟——MIH（Mobility In Harmony）。

隔年中，MIH 舉行成立大會，半年多就吸引超過 1600 家企業加入；成立一年後，已有來自全球 60 幾個國家、超過 2300 個成員加入 MIH 聯盟。

MIH 的吸引力，一是鴻海在全球資通訊業的聲量，二是頂著二十一世紀明星產業光環的電動車。這兩個吸引力，點出一個事實——車輛產業正面臨大洗牌，資通訊業陸續引領電動車轉型，期待在彎道超車後，尋求直線加速的機會。

新世代的造車新勢力

未來移動交通將朝電動化、自動駕駛、共享服務、車聯網等四大方向演進發展，是二十一世紀最大的產業變革，從商業模式到產業鏈、製造模式，都翻天覆地大改變。面對電動車全新的競賽場，來自全球四面八方的參賽者雲集，各路好手切入研發製造的賽車道，蓄勢待發，期待在這場百年來的競賽盛會中一展身手。

由於電動車的差異性大，產品多元化，市場參與者

也相當多元。以目前電動車整車製造廠的組成，如圖 5-1 所示，玩家主要分成 A、B、C、D 等不同類型。

A 類型：以傳統燃油汽車廠為主，例如，豐田、福斯、賓士、富豪、通用、本田、現代、比亞迪等全球知名的傳統汽車大廠。過去車廠發展電動車，多以研發油電混合車，以油車改款電動化，大多在 2020 年到 2022 年，慢慢轉型為以純電動車平台發展的模式。

B 類型：一開始就專注在電動車研發生產的新創企業，像是特斯拉、蔚來（NIO）、小鵬、Rivian、Lucid等。

C 類型：科技大廠跨入電動車領域，例如 Google、微軟、亞馬遜、蘋果、英特爾、華為、小米等，或是像台灣的鴻海和裕隆合組公司跨足電動車，這些企業以電動車、自駕車和移動服務應用開發並進的模式切入市場，Google 和微軟明顯在自駕領域相互較勁。

D 類型：專注在自駕車的新創公司，像是 Waymo、Cruise、Momenta 等新創公司，專心在發展自駕車、共享移動交通服務等領域。

從上述四大類來看，競逐市場的組合，不外乎為傳統汽車業、資通訊產業和新創公司。

電動車未知的世界寬廣，充滿無限的想像空間和可能，未來肯定會有更多的新進參與者，是否還有各種不同另類的創新玩法、創新的組合出現，值得關注與期待。

圖 5-1 電動車玩家新組合

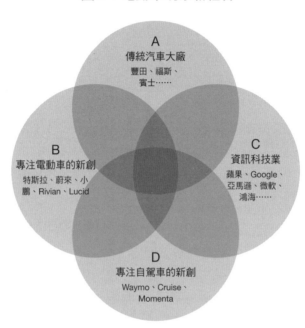

從產業一條龍變為跨界結盟

　　過去，汽車業是「老大哥」，公司動輒歷史百年，
且產業遍及全球，因為是「老大」，凡事要老大說了才
算，造成封閉的產業生態，上下游廠商都不易打入既有
的供應鏈。

　　傳統汽車廠都是一階（Tier 1）、二階（Tier 2）、三階（Tier 3）……，循序思考產業架構，由於整車零件數量高達二至三萬個，過去，通常是車廠集中向 Tier 1（系統整合商）採購。由 Tier 1 負責系統整合，例如，動力系統、傳動及控制系統、視聽娛樂系統等；再依照需求和能力，決定自製零組件，或者向 Tier 2（零組件供應商）購買零部件，包括像輪胎、觸控面板、安全氣囊等，供應鏈一層一層往下延伸。

　　這種商業發展的策略模式，像是一條龍式的管理和思維，因此，各個產業供應體系很難打進這種傳統而封閉的市場。

　　進入電動車世代，未來移動交通走向「C.A.S.E.」四大核心，車聯網、自動駕駛技術、共享交通服務和電動化，零組件和製程、設備、技術等，都和燃油車大大不同，這是汽車產業的百年革命與挑戰，觀念需要徹底翻轉。

　　傳統車廠不得不改弦易轍，反過頭來向外尋找合作夥伴，多方跨界，採取異業結盟方式，共同開發新技術，創造出前所未有的商業模式，以迎向電動車時代多元、快速、充滿挑戰的市場。

　　而供應鏈扁平化，不必依賴中間商，在平台化、模組化後，供應商變成 Tier 1、Tier 1.5，可以和車廠直接

互動、對話，與車廠的關係也更為開放且緊密。

汽車與資通訊業合縱連橫

　　從結構來看，電動車的發展與改變，不只是「油箱改成電池，引擎換成馬達」這麼簡單，而是汽車資通訊化，變成移動的電腦或智慧型手機。

　　在 2022 年初的美國消費電子展覽會上，英特爾、高通（Qualcomm）、輝達（NVIDIA）、索尼（Sony）等半導體及高科技廠，均發表跨入電動車、自駕車領域發展的決心。

　　順應全球電動車發展，跨企業及產業合作，專業分工、開放平台和資源整合的市場發展模式也漸成形，加速新的商業模式誕生。例如，汽車產業紛紛和供應商合作，共同開發新技術，像日本智慧型手機、影音娛樂大廠索尼，宣布和本田跨界合作轉攻電動車。

　　尤其在發展高技術性的自駕車領域，更需要靠策略合作結盟的力量，形成汽車業和資通訊產業緊密合作，合縱連橫、多方結盟。

　　例如，美國半體體大廠英特爾投資以色列自駕技術的子公司艾德斯，和通用、福特、BMW 等汽車公司合作打造自駕車；美國 IC 設計大廠高通和 BMW、Arriver

合作打造自駕車；高通、Google 和雷諾集團（Renault）
合作打造電動車；福特和 Google 攜手合作導入 Android
系統；自駕車新創公司 Cruise，最大股東是通用汽車，
微軟也參與投資 Cruise，同時也是通用的策略合作夥伴。

　　現階段電動車屬於新興產業，許多遊戲規則、產品
尚未成形或成熟，自然會吸引各路武林高手，因而百家
爭鳴，欣欣向榮。由於市場變化莫測，加上科技日新月
異，未來可能會有更多新變化和新玩法。

　　電動車元年啟動，市場也進入春秋戰國時期，但爭
霸賽絕不會只有春秋五國、戰國七雄的擂台，不同的組
合和聯盟，也創新不同的玩法，預期未來會創造出「春
秋乘以戰國（5x7）」的多元組合，甚至遠遠大於此局面。

強強聯手，異業跨界創造優勢

　　由於過去台灣資通訊產業奮戰數十年，已有良好的
系統和實力，汽車電動化是產業轉型最有利的發展機
會。在電動車時代，除了要有創新的技術，還要有不斷
創新的思維，快速轉變跟上潮流，否則容易被時代淘
汰。更不能像過去資訊科技產業代工製造消費電子產品
殺價取量的玩法，而是要創造不可取代的競爭優勢。

　　電動車的生態已大不同於過往汽車產業封閉的市場

氣氛，朝開放、互利、互惠的方向，異業跨界結盟，可以強強聯手，打群體戰，做資源整合，例如 MIH 創建的平台，也帶來新的優勢，包括：

一、集體「智」造，加速創新研發

　　從汽車品牌、開發商和各供應鏈廠商之間，透過合作、協助、交流，用開放的環境和態度，利用彼此的專長，集思廣益，在人工智慧化、數位化趨勢下，建構更完整的製造系統，開發、設計更優化的產品，以提升設備、製程和產品功能的品質，加快創新的速度。

二、縮減研發週期和成本，降低進入門檻

　　由於汽車前期開發設計的週期長，且成本高，利用結盟，建構可供參考的設計和標準，有助於縮減開發的成本和週期，可望降低進入產業的門檻，創造商機。

三、透過交流學習，提升產業高度

　　透過跨界、異業結盟，可以快速連結，交流想法，不論是產業知識、策略方向、市場趨勢都可以快速學習，進而提升產業的高度，做出準確的商業決策。

天下大亂，形勢大好

面對競逐者爭先搶進，起步初期造成的市場熱度，市場雨後春筍、百花齊放，用一句話來形容就是：「天下大亂，但形勢大好。」

《孫子兵法・兵勢篇》說道：「故善戰者，求之於勢……故善戰人之勢，如轉圓石於千仞之山者，勢也。」順勢而為，可以讓圓石從千仞山上滾下山，創業成功的本質就是順勢而為。

電動車的大趨勢來潮，正處在風口浪頭上，雖然面對全新的市場、技術和商業模式，大家都沒有把握，但台灣企業要想勝出，一定要盡早參與，不參加，肯定沒有機會。

在產品區隔大且差異化高的汽車行業，全球前十大品牌加起來市占率只有 49％，不到一半的市場大餅，換個角度來看，行業競爭非常激烈，相對也尚有非常大的機會空間。

所謂術業有專攻，各行各業都有專業強手，如果能善用各自的優勢，互補、互惠、互利，若強強聯手，可以創造一加一大於二的力量，在選定的領域上，比別人優秀，就能成功致勝。

明智觀察

1. 車輛產業從一條龍式轉型為異業跨界、多方結盟。

2. 天下大亂，但形勢大好，電動車榮景可期。

3. 人人有機會，個個沒把握，不參加就沒機會，要盡早參與。

4. 利用結盟、聯盟，快速連結，快速學習，打群體戰。

5. 術業有專攻，善用他人優勢，強強聯手，互利互惠。

產業大拼圖（一）

CHAPTER 6

產業更快速、扁平

電動車將為台灣下一個護國群山！

　　當你靠近車子，放在皮包裡的感應鑰匙即自動解鎖；打開車門坐上駕駛座，車內辨識系統辨認出駕駛身分，座椅自動調整成你習慣的距離和最舒適的角度；導航系統立即轉換成你經常駕駛的路線紀錄；娛樂系統連結你的智慧型手機，跳出你喜歡的 Podcast、下載你常聽的音樂；當車子電池電量顯示低電量時，系統自動搜尋最近的充電站……。

　　智慧化車輛帶給人們不同以往的駕車、乘車體驗，而車輛產業加快電動化及智慧化的發展趨勢，結合車輛、半導體、電子、資通訊等產業創新技術，創造未來巨大的成長契機。

從 3C 到第 4C，台灣 ICT 掌握先機

　　台灣曾是稱霸全球的「3C 王國」，在電腦（Computer）、通訊（Communications）、消費性電子（Consumer electronics）等產業創造無數經濟奇蹟，奠定了在世界舞台的競爭優勢。台灣產業正搭著這一波電動車時代的熱潮，急駛向第 4C（Car）的王國。

　　根據工業局的統計，2019 年台灣車用電子零件的產值，已首度超過傳統汽車零件（包括車燈、保險桿等）和整車產值，是台灣資訊電子產業發展的大好機會。

2021 年全球車用電子產值約 2350 億美元（約新台幣逾 7 兆元），根據工研院產業科技國際策略發展所調查，預估 2028 年將突破 4000 億美元（約新台幣 12 兆元），年複合成長率達 8%。

車用電子零組件的商機龐大，汽車電子零件在 2010 年平均占整車比重的 30%，估計到 2030 年，車用資訊電子零件占比將達 50%，在未來電動車愈普及之後，汽車電子零件的占比和產值都將更為可觀。

汽車轉變為電動車，從主要結構來看，簡單的說就是油箱換電池、引擎換馬達（含馬達控制器）、發電機換成 DC-DC 轉換器（將直流電源轉換成不同電壓的直流電源，也稱直流變壓器）。

但除了這些主要結構，車子還有懸吊系統、冷氣空調、音響、座椅、車用電子、車門、頭燈、安全氣囊、煞車、雨刷、後視鏡……，以及車體防撞、動力系統相關的冷卻系統等，車輛的基礎設計複雜度不言可喻。

現代人日常生活手機不離身，在電動車時代來臨後，智慧化的體驗和便利在車內同步實現，讓人們在移動行進之間，也可沉浸在智慧化的通訊、娛樂環境中。

當人工智慧化技術愈成熟，人們愈來愈依賴創新的智慧科技，讓車用電子和車輛基礎設備的關聯性愈來愈緊密，更彰顯出重要性。車輛上的各電子系統的通訊傳

輸、線束連接和硬體結構，就要靠電子電氣架構（EEA）
來連結，讓系統運作，例如，打右轉方向指示、右側前
後方向燈亮起閃爍；電子電氣架構相當於車輛的大腦和
神經系統。

　　電子電氣架構主要分成硬體、軟體和通訊等三個架
構。傳統車輛的電子電氣零組件主要以硬體架構主導，
一個系統搭配一個電子控制單元（Electronic Control
Unit, ECU），再輔以軟體及通訊系統，組成分散式的電
子電氣架構。

　　從過去個別、分散式的架構，未來電子電氣架構將
往車輛集中、網路互聯的方向發展。一輛車要依靠整體
的電子電氣架構，有了強大的電子電氣架構支持，才能
讓車輛各系統智慧互聯，全面升級。

小辭典

電子電氣架構（EEA）────

EEA 是（Electronic & Electrical Architecture）的縮寫，中文為電子電
氣架構。隨著智慧化科技的發展，車輛電子電氣系統也愈來愈複雜，
各個子系統之間的聯繫、安全和穩定性都是大挑戰，在開發前期的第
一步，就是要設計整車的電子電氣架構，從軟體、硬體、網絡、連接
線束都要一併考量，包括電子電氣系統原理、中央電器盒、連線器、
電子電氣分配系統……，必須做一體化的設計概念。

現今電動車系統的電子電氣架構備受重視，主要致力提升四大功能：一、系統失效保護機制、車輛備援系統；二、訊號和資通保密防駭客等安全性；三、空中下載技術 OTA（Over-the-air）時代來臨、車用資訊娛樂多媒體頻寬加大，以及先進駕駛輔助系統（ADAS）技術的多元應用；四、高壓電路保護策略、能源管理策略、熱管理策略等機制運作效益。這四大項目的整合和應用，可讓電動車在成本、維修或是車體重量，達到最佳化。

車電九大系統應用廣泛

過去傳統的車輛產業是以硬體建構車輛，如今逐漸轉變為軟體定義車輛，解構了車輛產業的生態。

一般來說，車用電子可分為車用電子控制裝置、車

🚗 **小辭典**

空中下載技術（OTA）

空中下載技術（Over-the-air, OTA）是透過網路進行軟體或韌體更新或升級的技術，在智慧型手機和消費性電子產品已被高度應用，隨著車聯網技術的普及，OTA 成為全新的商業模式，是劃時代的技術發明。

表 6-1 純電池電動車九大系統分類

系統分類	應用系統	系統分類	應用系統
整車控制系統	整車控制器（VCU）	動力系統	馬達系統
	車身控制器（BCM）		傳動系統
	閘道器		動力周邊系統
車用電器系統	電機系統	底盤系統	底盤動態管理
	電子系統		懸吊系統
	電迴系統		轉向系統
車身系統	車身系統		煞車系統
	車裝系統		次世代底盤系統
車載資通訊系統	駕駛資訊系統	高壓管理系統	充電系統
	娛樂系統		高壓配電
	人機介面	安全系統	主動式安全系統
動力電池系統	電池系統		被動式安全系統

資料參考：車輛中心、工研院

載用電子裝置，應用範圍十分廣泛，遍布在全車的各個系統組件中，依照功能和結構區分，以純電池電動車來看大致可分為九大系統，各主要系統又有不同的應用系統（如表 6-1），各應用系統又有相對應的系統產品，琳琅滿目（詳見 p268 附錄二）。

　　電動車的興起，讓汽車產業從機械工程（機械引擎、傳動軸、煞車碟盤），逐漸轉變成依賴機電工程（馬達、電池、配電盤、電能轉換器），以及資訊電子工程（車載電腦、網路、雷達、感測器、顯示面板⋯⋯）技術；不論是機電工程或資訊網路電子工程、零組件或子系統，尤其在 IC 晶片製造、設計等半導體產業領域，幾乎都是台灣的強項。

　　台灣有資通訊產業奠定的雄厚實力加持，等於掌握了先機，再度披掛上陣，有機會在主戰場上取得一席之地，打造護國群山。

　　圖 6-1 是電動車的產業結構，可以簡單看出純電池電動車的產業鏈，從最上游的材料與金屬加工，如電

圖 6-1 純電池電動車產業鏈

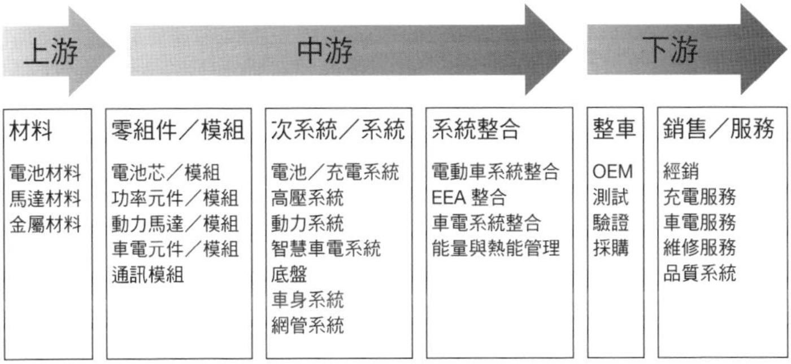

上游	中游			下游	
材料	零組件／模組	次系統／系統	系統整合	整車	銷售／服務
電池材料 馬達材料 金屬材料	電池芯／模組 功率元件／模組 動力馬達／模組 車電元件／模組 通訊模組	電池／充電系統 高壓系統 動力系統 智慧車電系統 底盤 車身系統 網管系統	電動車系統整合 EEA 整合 車電系統整合 能量與熱能管理	OEM 測試 驗證 採購	經銷 充電服務 車電服務 維修服務 品質系統

池、馬達，以及車體材料；中游的次系統零組件，如電池芯、電池模組、電池管理系統、馬達控制、整車控制器等軟硬體產業、系統架構、系統整合，則屬於車用電子密切關係的電子電氣架構電動車平台產業；再到下游的整車製造，搭配能源管理，如充電系統的充電樁、電力基礎建設……，都需要跨領域整合和技術支援。

台灣在電動車市場的機會不在整車生產，而是在次系統、軟體和零件等開發製造，因此，除了下游的整車廠，以及上游材料的電池、部分馬達之外，近幾年台灣產業耕耘布局，在動力系統和充電服務等各領域，都有不錯表現，也初具影響力。

但未來，台灣廠商可就近掌握既有的內需整車市場，特別是基本車款，不必落入外人之手，又可快速練兵，整合系統。至於海外市場，則可配合當地政府、當地企業，做整廠輸出——開發設計，提供材料，協助建廠。

電動車技術的核心——三電系統

從純電動車的結構來看，組成可分為三個元素「電」、「動」、「車」。

「電」——電池系統與能量管理，伴隨車上熱能管理與能耗策略。

圖 6-2 純電動車的三電系統

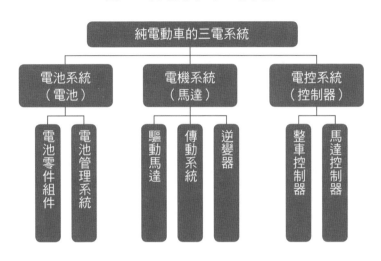

「動」——電動車三電系統，伴隨動力周邊系統。

「車」——傳統車輛產業，伴隨近日火紅的 OTA、網路大數據等。

一輛電動車中最重要的核心技術就是「三電」系統，包括電池、電機、電控等三大系統，三電系統的三大要角分別是電池、馬達、控制器（如圖 6-2）。

電動車利用驅動馬達、動力電池，取代引擎和汽柴油燃料系統，把電能轉換成機械能，驅駛車輛，透過各種核心控制器讓各系統依指令運作。

在電池系統中的要角就是電池，被稱作電動車的心臟，相當於汽柴油是傳統燃油車的燃料，電池攜帶電動車「能源」，提供電動車行駛運作的電能來源與配給量。電池系統包括了電芯／模組、電池零件、電池管理系統與溫度管理系統，是三電系統中，占成本結構比重最高的，高達整車 30 至 50%。

電機系統中最重要的就是馬達，馬達即發動機，傳動系統屬於電機周邊系統一環。馬達將電能轉換為機械能，再將機械能透過傳動系統傳遞到車輪，提供車輛行駛需要的動力，至於傳動系統從單速轉往多速趨勢發展，以擴大動力系統可對應的速度區間，或提升車輛極速性能。

馬達依電流區分，有直流馬達和交流馬達兩種，由於交流馬達具有效率高、輸出大的特性，是目前電動車主要採用的動力來源；交流馬達可分成感應異步馬達、永磁同步馬達等，兩種馬達各有優缺點。感應馬達體積大、耗能高，然而成本低；在相同功率條件下，永磁馬達相對體積小、重量輕、效率更高。

目前電動車大多使用永磁同步馬達，但由於永久磁鐵的關鍵原料來自稀土金屬——釹鐵硼，因稀土資源有限，不僅提高了永磁馬達的成本，未來也會成為發展電動車的難題之一，研發或尋求替代稀土原料的馬達，是

產業界的當務之急。

再來就是電控系統──電子控制器，又稱電子控制單元，和電池、馬達一樣，是電動車不可或缺的元件，各個系統都必須嵌入電子控制器，連電池管理系統也少不了它。由整車控制器，管理車上的電池管理系統或馬達控制器，甚至是其他電子電機系統控制器。

整車控制器可以視為一台車載電腦，是技術複雜度最高的系統，主要功能為蒐集各種訊號與駕駛者意念，演算後，根據訊號發出相對應的策略指令；電子電氣架構則整合整車電系接收訊息和傳送指令，串聯車上電子電機系統間資訊交換與策略，如同電動車的神經網路運作，並讓各電子電機系統，例如電源控制、車載資訊、空調、電機、底盤、電池、ADAS、網路安全、雲端連接、電池管理系統等都能按序，同步並整合運作。

車用電子控制產品的上游元件，上自各核心控制運算，下至電路板上周邊功能迴路控制，皆是台灣核心競爭力的半導體 IC 範疇，更是創造台灣關鍵優勢的來源。

產業大洗牌，供應鏈扁平化

傳統汽車轉型為新能源車與電動車，運用新的能源和技術方法取代了舊的車輛結構，在轉型演進的過程

中，即產生產業大洗牌的機會。

　　已有百年以上歷史的傳統汽車產業，原本保守封閉的系統，不得不轉為開放的態度；而另一方面，引擎、進氣排氣等傳統汽車零組件廠商，則面臨市場萎縮或終有一天消失的困境；至於電池、馬達、電子零件等相關產業，則獲得新的商機和市場。

　　傳統汽車產業供應鏈，開始出現結構崩解的重大變革。首先，變革之一是產業供應鏈扁平化。

　　過去，汽車廠是「一條龍式」的產業供應鏈，每一個階層對應上一階層或往下一階層，層層架構下的供應鏈若拉得愈長，就拉長對口及溝通的流程和時效。

　　電動車因為零部件減少、平台化系統設計導入，供應鏈變得更加扁平化，加上大量電子化，對台灣廠商來說，無疑是大好機會，因為台灣在過去資通訊產業累積的製造經驗，當車廠有電子科技上的需求時，可以直接和車廠對口溝通、了解需求，提升台灣產業在車輛產業的高度。

　　打造一部電動車，到底需要多少供應商？產業供應鏈有多長？

　　在本書的前言介紹了全家智慧零售電動車，以這部由公信電子和合擎與自組團隊共同打造的智慧電動車為例，10 家公司組成的團隊、只花了五個月，就讓一部復

圖 6-3 全家智慧零售電動車主要一階供應商

古式物流貨車從溝通設計到組裝完成、公開亮相，雖然只是展示車，但對業界而言，已是完成不可能的任務。

從成軍的供應商團隊來看，簡單的說，就是「要整車有整車、要三電有三電、要 IC 有 IC、要鐵件有鐵件」。

圖 6-3，是打造全家智慧零售電動車的主要一階供應商，從各供應商的產業屬性和扮演的角色，即可一窺電動車供應鏈的基本架構。

整車：合擎超過三十年以上開發打造復古車的經驗，擁有 7000 種以上的產品，負責車體及車裝零組件。

電池：創奕能源是台灣電動公車最大供應商，負責動力電池／電池包總成。

電機：捷能動力是電動車動力總成系統的新創公司，供應電機、電控、傳動三合一的馬達動力系統總成。

電控：公信電子是聯電集團宏誠創投轉投資的子公司，耕耘汽車電子產品逾二十年，負責 EEA 系統整合、機構整合、專案的協調溝通；是汽車電子 Tier 1 供應商，在智慧駕駛艙、車載資訊娛樂系統、駕駛資訊顯示系統及 ADAS……，是車用 IC 領域專家。

四家公司，整車和三電系統即已完備。

至於其他系統和模組、架構，則包括生產車載充電器、成立逾五十年的信通交通；負責外部充電系統充電樁、充電槍的飛宏科技，在電源產品深耕五十年；供應電驅動後軸組件的中華台亞，也逾五十年歷史，是台灣第一大的電動車減速齒輪箱和底盤件傳動系統總成專業廠商；在底盤減震零件領域逾四十年的隆勤實業，則供應彈簧等懸吊零組件；負責車身內飾設計的三圓新技，

是中華汽車一階零件供應商，成立也近四十年。

此外，還有生產線束的萬旭，在資通訊連接器開發逾三十五年。線束是連接電池、電機和所有電子零部件，以及資訊和通訊裝置的連接線組，等於車子的血管，沒有線束，車子就無法運作。

這 10 家公司，都是車電產業中各個零組件或系統模組的隱形冠軍或高手，等於都是 Tier 1，肩負系統總成和整合的角色任務，各家公司各司其職，各擅勝場，可以完整架構組裝一部電動車。再加上，組成團隊扁平化，橫向溝通速度快，能立即解決問題，也能彼此學習，才能在極短時間內完成開發、組裝一部車。

朝系統化整合、零部件模組化與標準化發展

至於促使產業扁平化的關鍵之一，就是車用零組件系統化、產品模組化和匹配標準化發展。

有別於傳統汽車，電動車零組件已從過去單一產品變成模組化的生產方式，讓電動車在製造、維修保養上具有相當大的優勢，讓原本難以進入的汽車供應鏈，大大開放了門檻，而造就電動車產業在近兩、三年蓬勃發展的局面。

所謂模組化，是把零組件和子系統整合，將電氣、

電子產品依照功能、結構組合在一起，零組件供應商不以單一零件供貨給整車廠，改以系統模組化供貨，汽車製造廠再將各種模組拼裝組合，完成整車製造。

　　產品模組化也代表著標準化，不論是製造或開發過程，都具有相當優勢，如：

　　一、加快整車裝配速度，降低製造成本。

　　二、改善生產流程與控管，降低管理費用。

　　三、掌握更高品質的組件和系統。

　　四、縮短整車設計、開發時程從四年縮短為兩年，將加快車輛改款速度。

　　五、具創新、開發優勢的零組件廠商，可望獲整車廠青睞移轉設計重任。

　　即使進入電動車的供應鏈，若繼續只做零件，永遠只能做代工，很容易被汰換，必須往模組、次系統邁進；所謂次系統，包括 EEA 整合、動力總成、電能總成、智慧座艙、整合式控制器、車外充電系統等，愈往上階層發展，愈靠近車廠，形成產業價值鏈，創造附加價值和技術含量，才不容易被取代，甚至成為 Tier 1.5，或邁向 Tier 1，增加和車廠直接對接的機會。

　　以動力驅動系統為例，通常廠商不是專注做驅動，就是專心做電力，要同時具有驅動和電力兩項專業的，少之又少。

　　以往車用電子零組件大多只具備單一組件功能，各司其職。以動力驅控系統為例，早期電動車都是充電器、變頻器、逆變器、馬達等單一組件各自獨立，對於速度要求並不高。

　　隨著電動化的進展，把驅動馬達及變速箱二合一系統整合，再進階到馬達控制器、驅動馬達和變速箱等系統三合一、四合一，也就是藉由整合機械、控制和動力傳動系統，將動力傳動系統模組化，像台達電、富田電機等是此領域的領導廠商。

　　終極的目標，則可以做到多合一動力驅控系統功能，把除了電池系統以外的電力元素，例如車載充電器、驅控器、電源轉換器、馬達、齒輪箱等多項動力系統零組件全部整合，等於整合了馬達廠、資通訊廠、齒輪廠於一身。

　　模組化的多合一動力總成，不僅具備驅控器、充電器、電源轉換器等功能，一來可降低系統的重量和體積減少三成，二來則可有效簡化組裝流程，優化生產品質，同時，整合式動力傳動系統能提高功率密度40%到50%，並提升可靠度。

　　綜合來看，台灣發展電動車的機會，是在產業供應鏈跨域整合，換言之，即是三電系統的整合，以發展次系統，及小型輕量化、高效率、低成本的多合一動力的

系統整合為目標。

原已在世界舞台占有一席之地的零件製造廠，例如電能總成的領先業者鴻華先進；減速器總成的和大；整合式控制器系統的廣達、鴻華先進等；車外充電系統的台達電、飛宏等，已從零組件代工轉型為系統模組廠，在車電舞台上再創新價值。

智慧座艙整合式平台

隨著電動車的三電系統整合程度愈高，釋放的車內空間就愈寬敞，讓座艙設計規劃更有發揮空間。因應車內空間變大，儀表板、中控台的設計逐步走向大尺寸、豪華化、一體化的型態。

過去電子化的駕駛艙，僅提供車況、娛樂以及導航功能，但智慧座艙的顯示器，則朝整合式設計及多重顯示功能發展，未來的電動車駕駛艙將更加智慧化，會有更多的感測器，例如擴增實境（AR）抬頭顯示器、語音辨識、手勢辨識、駕駛監控，以及觸控式的大尺寸顯示面板等。

以往，駕駛艙大多只在駕駛前方及方向盤左右兩側，提供車況、娛樂以及導航功能；由於車輛自駕化的技術落實，人類在車內不需要擔負駕駛任務，在行車

時，駕駛座釋放出空間，駕駛人也多了空閒時間，強化了車內休閒娛樂的需求，進一步提升車內網路軟硬體及協定的標準要求。

從傳統面板，演進到中尺寸面板，未來車輛的駕駛艙發展，將結合儀表、中控、副駕駛座，形成觸控式的大尺寸顯示面板，結合大尺寸顯示器、擴增實境抬頭顯示器等，呈現多樣顯示，語音辨識、手勢辨識、人臉識別等多種溝通，還能做到駕駛乘客生理監控，打造出智慧化的車用空間，透過 IVI 車用資訊娛樂系統，讓車輛變身，不只是行動載具，更是辦公、休閒娛樂、影音劇院，展現全新的智慧座艙樣貌。

一座完整架構的智慧座艙，等於是面板廠＋資通訊廠＋ IC 晶片廠的結合，領導廠商如群創、友達等；此外，在車用電子領域耕耘逾二十年的公信電子，擁有絕

🚗 小辭典

IVI 車用資訊娛樂系統 ─────

IVI 車用資訊娛樂系統（In-Vehicle Infotainment System）是車輛系統介面之一，主要提供駕駛和乘客娛樂及車輛的訊息，包括導航系統、影音串流播放、娛樂系統（如遊戲、電視）、通話功能，等於是車用電子系統人機介面中樞，也是現代車輛的主要控制中心，透過無線、有線傳輸，讓車子與外部聯網資源連結。

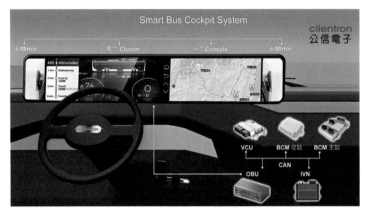

公信電子將 IVI 系統應用在新車上，打造一座架構完整的智慧座艙。（公信電子提供）

佳的系統整合能力，在智慧座艙上成為 MIH 電動車大聯盟的主要供應商，IVI系統也和MIH合作應用在新車上。

　　更重要的是，電動車也能像手機一樣，可以隨時線上更新版本，或更新導航地圖，以維持運作的順暢和安全，利用嵌入式微控制器應用開發的無線更新技術——即時線上軟韌體更新 OTA，讓電動車透過電信網路的空中接口，進行遠程管理軟體，大部分的功能和體驗，都能透過軟體或韌體更新優化，車主不需回廠更新或維修。

　　這些技術和需求，以及車聯網的進程，也代表著車輛產業進入數位轉型，不論是底層的動力系統、三電系

統、通訊模組，直到最上層的內容提供產業，在電動車的開發過程中，愈來愈不可或缺。

　　至於過去和汽車業甚少連結的網通業、電信業、軟體業以及內容服務業，在電動車朝向 C.A.S.E——聯網化、自駕化、共享化和電動化等四大趨勢下，重要性也與日俱增。

ADAS、自駕車推升車電比重

　　邁向智慧化的電動車時代，促成 ADAS 技術及產業的崛起，讓車用電子占整車售價比重提升到四、五成，讓車廠不得不跳脫過去的思維，尋找合適的電子產品供應鏈和合作夥伴。而以台灣車輛相關產業觀察，大多專注在三電系統，以及無人駕駛、自動駕駛領域的 ADAS 零組件開發，將取得先機，占有競爭優勢。

　　車用電子產品領域相當多樣、多元且複雜，以常見的 ADAS 為例，包括停車輔助系統、全自動停車系統、前方碰撞預防系統、主動車距控制巡航系統、夜視系統、適路性車燈系統、緩解撞擊煞車系統、盲點偵測系統、後方碰撞警示系統、倒車影像式障礙物偵測系統、車道維持系統、車道偏離警示系統、煞車輔助系統、自動緊急煞車系統、導航系統，甚至還有駕駛人生理狀態

監視系統等。

　　每個系統都會經過三個程序：一、感測器；二、電子控制器；三、制動執行器。不同的系統會有不同的感測器，透過偵測或感應蒐集資料，再傳送給電子控制器電子控制單元，電子控制器把感測器蒐集到的資料訊號分析處理後輸出，執行器再根據電子控制器輸出的訊號，執行動作（如圖6-4）。

　　假設情境：當車行在道路上時，車前雷達偵測感應到在前方5公尺處，有人形物快速移動，電子控制器分析出前方有人，做出緊急煞車的指令，緊急煞車輔助系統立刻執行，車子急煞停止。

　　ADAS產業上游零件包括：IC、感測器、二極體、連接器、GPS晶片組等，最重要的就是感測器，感測器有各式不同類型，包括超聲波／倒車雷達、光達、毫米波雷達、紅外線雷達、CCD/CMOS影像感測器等，可以探測光源、熱能、壓力……；而應用的產品，包括GPS、雷達系統、視訊攝影機、光達等不一而足，通常設置在車輛前後保險桿、側視鏡、駕駛艙內部、擋風玻璃等地方。

　　此外，自駕車的發展，也讓整個車輛產業生態系明顯改變。

　　自駕車的關鍵技術，包含感知、決策及控制關鍵次

圖 6-4 ADAS 系統運作三大程序

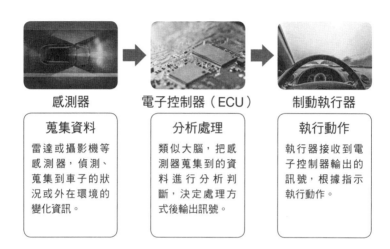

感測器	電子控制器（ECU）	制動執行器
蒐集資料 雷達或攝影機等感測器，偵測、蒐集到車子的狀況或外在環境的變化資訊。	**分析處理** 類似大腦，把感測器蒐集到的資料進行分析判斷，決定處理方式後輸出訊號。	**執行動作** 執行器接收到電子控制器輸出的訊號，根據指示執行動作。

系統，且自駕等級愈高的電動車，配備的輔助駕駛系統就愈多，若是無人駕駛車，則在車頂會有一個車頂測距系統——光達（LiDAR，又稱雷射雷達），是完全自駕車的核心心臟。由於自駕車必須高度仰賴 ADAS 和車聯網的先進科技基礎，尤其是光達、高精度地圖和 AI 運算等關鍵技術，很難光靠一家公司之力完成研發，因此大多透過結盟形成技術互補的合作關係。

目前自駕車產業主要由傳統整車廠、零組件供應商、科技公司、晶片業者以及運輸網路公司等軟硬體結

盟、虛實整合，透過合資、併購、結盟、策略合作等不同形式，各自發揮專長、互相合作，形成一個產業鏈。

車用電子產品除了標準化及模組化之外，智慧化和聯網化也是兩大關鍵，尤其是在自駕車領域的應用。

台灣在 ADAS 相關產品的供應鏈相對完整，車輛和零組件、車用電子、半導體，以及資通訊軟硬體等廠商能串起連結，共同發展，在自駕車領域已奠定初步根基，可望贏在起跑點，迎向電動車和自駕車的繁盛前景。

未來即將消失的後裝市場？

過去，汽車業有龐大的售後服務和維修市場，俗稱後裝市場（Aftermarket, AM），主要是指出廠前未安裝的零組件，或原廠車脫離保固期後，車主維修保養時常購買的副廠零件市場。

台灣過去在模具製作、塑膠射出成型、機械加工的精度和實力，發揮在塑膠碰撞零組件，例如前後保險桿、輪圈、鈑金、後視鏡及車燈等；以及電氣零組件、煞車系統、精密機械加工零組件，例如輪圈、齒輪、軸承等，都掌握外銷出口的大宗，在成本上也具有很強的競爭優勢。

因汽車市場封閉，台灣廠商不易打入汽車產業供應

鏈，但在後裝市場卻得到切入的機會。以 2020 年傳統汽車零組件年產值 2 千億元，有七至八成外銷到後裝市場。

但在電動車時代，連保險桿都必須電子化，產業面臨結構性的改變，在供應鏈扁平化後，各級供應商和車廠可以直接互動，車用電子零組件大多不必仰賴中間商供應；也因為高度電子化、自動化後，所有的車載、車用電子產品大都模組化，而成為整車出廠必備的零配件，導致原本有龐大需求和商機的後裝市場，會隨著電動化的普及而縮小。

根據美國知名的市場調查公司 Strategy Analytics 的報告，電動車的 OEM 市場和後裝市場在硬體和應用上，未來很明顯出現此消彼長。

以 2021 年 OEM 晶片組的市場規模 77 億美元，預估到 2029 年年複合成長率 5.5％，增加為 118 億美元，成長率 51.9％，榮景可期。

但同期間後裝市場的晶片組則從 9 億 1500 萬餘美元，衰退到 5 億 9000 萬餘美元，年複合成長率為負 5.3％，到 2029 年整體後裝市場負成長 35.5％，市場逐漸隕落。

值得觀察的是，未來，後裝市場是否將不復存在？

面對市場持續步入衰退的趨勢，原本在後裝市場努力創造出競爭優勢的台灣業者，未來將向上提升產業高

度，轉型和一、二級供應商策略合作，一起搶攻 Tier 1.5
的市場，開發模組化的車用產品，才能持續精進成長，
不被時代洪流淘汰。

車體材質輕量化

　　一輛四人座的小客車，大約 2000 公斤重，一個車載
電池重量動輒就高達 4、500 公斤，占了整輛車比重四分
之一。

　　為了讓車子整體的重量變輕，許多車廠朝著車體輕
量化的車型設計，電動車車身材料、零組件也朝輕量化
發展，車體總重量減輕，也會減少電力動能的耗損，這
將是未來電動車的趨勢。

　　車體輕量化的演進，首先是傳統鋼鐵材料使用量的
減少，取而代之的是高張力鋼板、鋁合金、鎂合金、複
合材料以及工程塑膠、樹脂製品或碳纖等材質使用比例
逐年提升。例如，前擋泥板、車門、行李置物箱等；又
如座椅支架、內飾板、方向盤內骨支架、駕駛艙、乘客
艙的組合隔板等，由合金、鋁質材料或高強度薄板金屬
等取代製成。

　　如果大膽假設，把底盤或車身的某一部分和電池結
構體整合，變成可儲存動能的大電池，達成 Cell To

Vehicle（車身即電池）的電池設計，如何突破技術和安全性，讓車體結構可以充電、蓄電，原本是車載電池，變成車身即是電池？或是底盤架構和電池合為一體，同時節省電池包和底盤的空間，減輕車體的承重？

這是一個大學問，或許，有朝一日，實現了不可能的任務，對產業發展和技術研發都將是重大變革。

隨著時代的進步，將不斷開發出創新的技術和特殊材料，讓車用產品和車輛產業持續精進、變革。尤其在自駕化和自動化、AI 智能化技術愈來愈進步、愈普及的未來，原本為輔助人類的視線或能力、習慣而設計的工具，例如車燈、後視鏡、雨刷等，可以完全被光達、攝影鏡頭，和完備的智慧座艙取代之後，這些過去習以為常的傳統零組件，或許終有一天也會成為消失的配件？可能會有更多產業消失或轉型。

不妨跳脫思維，突破成規，天馬行空的發揮想像力和創意。電動車的未來，有超乎想像的無限可能！

明智觀察

1. 車輛產業供應鏈扁平化,可縮短電動車開發、製造的流程及時間。

2. 台灣在電動車市場的機會不必侷限在整車生產,而是在次系統、軟體和零件開發。

3. 三電系統是電動車最核心的技術,在三電系統產業整合,是決勝的關鍵。

4. 車電零件廠商如果只專注元件,很容易被取代,要轉型系統模組廠。

5. 模組化、標準化,可縮短生產流程、降低成本,並有助車體輕量化發展。

產業大拼圖（二）

CHAPTER 7

台灣競爭優勢與機會

領先世界的 IC 競爭力

時間回溯到 1974 年 2 月 7 日，農曆元宵節剛過，天氣寒涼。

一頓熱騰騰的早餐，燒餅、油條、豆漿，花費不到 400 元。但早餐桌上，悄悄的敲定了一筆高達 4 億元的通往積體電路發展計畫。

當年，由時任的行政院祕書長費驊召集經濟部長孫運璿、交通部長高玉樹、工業技術研究院院長王兆振、電信研究所所長康寶煌、電信總局局長方賢齊，和任職美國無線電公司（Radio Corporation of America, RCA）研究所所長的潘文淵，七位大老齊聚台北市南陽街 40 號的「小欣欣豆漿店」。

那頓早餐由費驊付錢，相當於當年五職等基層公務員第一年月薪 2262 元的六分之一，所費不貲，但潘文淵向孫運璿爭取到 1 千萬美元（當時 1 美元兌新台幣是 40 元，等於 4 億元），要讓台灣成為電子錶王國的科技建設計畫。

電子錶王國的計畫雖未實現，但在近五十年後，創造了新台幣 4 兆元產值的 IC 半導體產業，成為台灣今天的護國神山。

一場早餐會，敲開台灣半導體產業之門

　　1974 年 7 月 26 日，潘文淵完成「積體電路計畫草案」，並獲經濟部核定。一個月後，積體電路計畫催生了工研院的「電子工業研究發展中心」（簡稱電子中心，電子所的前身），為台灣推動半導體產業發展的起點。

　　潘文淵當時建議與美國無線電公司技術合作，並從美國無線電公司辭職，召集海外學人成立電子技術顧問委員會（Technical Advisory Committee, TAC），被譽為「台灣半導體產業之父」。

　　如圖 7-1 所示，台灣半導體每二十年為一個發展演變期。1960 年到 1980 年是世界及台灣 IC 產業的萌芽期。回溯世界 IC 歷史，1958 年，全世界第一顆 IC 是在美國德州儀器（TI）公司誕生。

　　而台灣半導體的歷史，則要從交通大學說起。1964 年，交大在台灣第一位本土工學博士張俊彥領導下積極投入，成立半導體實驗室（現今奈米中心的前身），曾任交大半導體實驗室主任的胡定華，在 1974 年電子中心成立時即毛遂自薦，並獲任電子中心副主任一職，胡定華當時擔任交大電子工程系教授兼系主任，負責為電子中心招兵買馬，次年辭去教職，專心並積極推動半導體技術研究。

圖 7-1 台灣 IC 產業發展軌跡

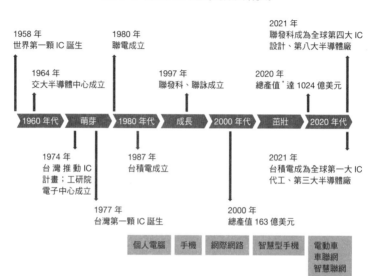

*總產值是以 IC 設計、純代工和封測合計。

　　1976 年，電子中心和美國無線電公司簽訂「積體電路技術移轉授權合約」，陸續派工程師到美國受訓學習技術；1977 年，受訓的工程師設計出台灣第一顆 IC 晶片，奠定了台灣 IC 產業的發展。

　　一九八〇年代，台灣半導體業開發發展，起源於 1980 年工研院出資成立聯電，創設台灣第一家半導體公司，也是新竹科學園區第一家進駐的公司。當年，聯電

做的是單價不到 10 元的電子錶晶片；接著是 1987 年台積電成立，隨著一九九〇年代，個人電腦興起、手機盛行，台灣 IC 產業進入成長期。

台灣 IC 產業從 2000 年開始進入茁壯期。以實績來看，2000 年台灣 IC 總產值 163 億美元，到 2020 年，達 1024 億美元，成長幅度逾五倍。

根據台灣半導體產業協會（Taiwan Semiconductor Industry Association, TSIA）的資訊，到 2021 年，台灣 IC 產業產值為 1458 億美元，換算成新台幣首度突破 4 兆元，年成長率仍高達 26.7%。

台灣 IC 業創新分工策略

以半導體產業結構分析，從上游 IC 設計到中游 IC 製造，再到下游的封裝測試，產業高度垂直分工（如圖 7-2）。

早期的半導體公司都屬 IDM 廠，是從上游到下游垂直整合，台灣 IC 產業率先提出分工策略，推動晶圓代工加上 IC 設計，建立創新的產業結構商業模式。

1987 年台積電成立，以純晶圓代工業務商模，搶市場先機，至於聯電，則花了十年時間拆解 IDM，分拆獨立出聯發科、聯詠、聯陽、智原、聯傑、聯笙等 IC 設計

圖 7-2 台灣 IC 產業鏈

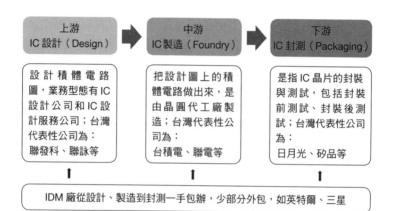

公司，逐漸轉型為純晶圓代工公司，從此，聯電代工業務迅速發展。在分工趨勢下，傳統的 IDM 廠也減少自製改為外包。

　　台灣創新的分工策略發揮優勢，在晶圓代工、IC 封測和 IC 設計等全球市場中，都占有舉足輕重的地位。從實際的成果來看，2021 年台積電晉升為全球第一大 IC 代工廠、第三大半導體廠；聯發科則為全球第四大 IC 設計、第八大半導體廠；全球十大晶圓代工（不含 IDM 的純晶圓代工）台灣就有 5 家上榜，前十大 IC 設計公司，台灣則有 4 家入列。

　　以整體產業的實績，過去二十年，台灣在晶圓代工和封測兩項業務上，都拿下全球第一的寶座，IC 設計也僅次於美國，排名第二，是台灣最有競爭力的產業。台灣晶圓代工總產值從 2000 年的 94 億美元，成長到 2020 年的 551 億美元，成長近五倍，占全球市場的 77.6％；而 IC 封測占全球產值的 57.7％，幾乎可說是由台灣主宰市場（如表 7-1）。

　　預期未來，台灣半導體產業前景持續看好。根據半導體市場研究公司 IC Insights 預估，以純晶圓代工來看，2025 年市場產值可望達到 1251 億美元，占整體晶圓代工產值將拉升到 82.7％。

　　半導體產業從 1958 年發展至今，超過一甲子，近年來產業仍能保持 20％的快成長，有兩大要因，一是沒有

🚗 **小辭典**

整合元件製造廠（IDM）

IDM（Integrated Design and Manufacture）是一種垂直整合的製造模式，從設計、製造到銷售等流程都由一家公司包辦，這種商業模式需要雄厚的營運資本，全球前幾大 IDM 廠包括英特爾、德州儀器、三星、東芝（Toshiba）等。

目前主要車用 IDM 前五大廠包括恩智浦（NXP）、英飛凌（Infineon）、瑞薩（Renesas）、意法（STMicroelectronics）和德州儀器等。

表 7-1 台灣 IC 產業產值概況

項目 ＼ 年度	2000 年	2020 年	
	台灣產值 （億美元）	台灣產值 （億美元）	台灣市占率 （％）
IC 代工（Foundry）*	94	551	77.6
IC 封測（Packaging）	32	185	57.7
IC 設計（Design）	37	288	24.1
合計	163	1024	--

資料來源：台灣半導體協會
* 純 IC 代工，不含 IDM 代工。

取代性的技術出現，二是，一直有驅動更新、新需求的衍生。

　　從過去台灣 IC 產業成長的脈絡可以看出來，隨著個人電腦、手機、網路和智慧型手機等資通訊產業蓬勃發展的軌跡；近期則有電動車、物聯網、人工智慧、元宇宙等新市場，鞏固了台灣堅實的核心競爭力，讓台灣 IC 業在世界上建立不可取代的地位。

碳化矽半導體是明日新星

至於半導體的材料，也隨著產品的應用和需求而不斷演進。

例如，第一代半導體的主流材料是矽（Si），又稱矽晶圓；到了第二代，則以砷化鎵（GaAs）、磷化銦（InP）的三五族化合物半導體為主；到了第三代，則以碳化矽（SiC）和氮化鎵（GaN）為主要材料的寬能隙（Wide Band Gap, WBG）半導體，由於能耐高壓、高溫、高頻等特性，符合要求高能源轉換效率的 5G 和電動車產品的應用需求，成為半導體新紀元的明星。

其中，碳化矽對電動車的輕量化、提升續航力和減少電池成本和充電時間，更是至關重要。

碳化矽俗稱金剛砂，具備低阻抗、高頻率、高導電性、高導熱性等特性，非常適合製造大功率汽車電子元件，尤其是電動車的電源設計，例如主機逆變器（又稱牽引逆變器）、車載充電器和 DC/DC 轉換器。

主機逆變器是電動車傳動系統的主要元件，可將車輛高電壓電池提供的直流電流（DC），轉換為電動馬達所需要的交流電流（AC），藉以產生移動車輛所需的扭矩，使用碳化矽功率元件可提高逆變器的效能，可提升車輛加速度及行車距離（即續航力）。最早應用碳化矽

元件的特斯拉 Model 3，續航里程就大幅提升至 619 公里。

此外，假設逆變器保持功率不變，採用碳化矽的功率元件，重量會更輕、尺寸更小，系統可朝小型化、輕量化發展。

但目前全球碳化矽製造加工技術仍未成熟，不僅長晶（生長碳化矽單晶）技術門檻高，生產高品質的基板（如同提供單晶體生長的地基）和磊晶（在基板上形成結晶薄膜）的製造難度高，從切割、薄化、研磨、拋光等加工技術難度也高，技術仍待精進。

根據法國的市場分析公司Yole Développement估算，2021 年每輛電動車中，碳化矽功率元件為汽車製造商節省的電池成本達 750 美元。未來，若能掌握碳化矽技術，將更有助益於降低電動車及電池成本。

IDM 占車用市場四成

以車用晶片製程來看，目前主要以 8 吋廠供貨為主，部分用到 12 吋廠成熟製程。在 2022 年電動車和整體汽車晶片的需求強勁上升，特斯拉、福特、通用、福斯、現代汽車等大廠，甚至宣布自行設計晶片，小量、客製化的高度需求，也將推動 8 吋晶圓廠的產能提升。

　　然而，台灣半導體業在車用領域所占比例，一直落於手機及個人電腦之後，遠遠比不上國外的 IDM 大廠。

　　由於車用認證規格的特殊性，必須由上游到下游高度整合，許多車用 IC 領導廠商都是 IDM 廠，集設計、製造、封裝測試於一體的 IDM，可以配合車廠需求客製化產品，利於控管品質，是一般供應鏈不易打入車輛產業的原因，車用 IC 外包的比重大約在二至三成。

　　以 2020 年而言，全球車用半導體的總產值約 374 億美元，車用半導體大廠英飛凌、恩智浦、瑞薩、德州儀器及意法半導體占了市場超過四成，台積電僅占 4% 多。

　　近幾年 IC 產業面臨兩大隱憂，一是 IC 缺貨的情況，短期難以改善；二是晶片需求全方位增加，供需嚴重失調。台灣 IC 產業擁有最大產能，又有最快速的增產能力，等於手握最有利的解方，目前在車用半導體產業比例雖然偏低，但相對也顯示未來有很大的成長機會。

車用晶片需求大增，台灣具競爭優勢

　　拿著車鑰匙「嗶」一聲，車門即解鎖開啟；坐上車，啟動車子、打方向燈、轉動方向盤，起步上路；打開音響，收聽路況報導；加速、煞車等每一個指令動作，都是由一個一個晶片控制。

在車用電子構件中，車用半導體關鍵元件，電子控制器、微控制器（MCU）和感測器是遍及各種系統可謂最重要的元素，又稱車用電子三元件。

電子控制器是車用電子產品主要的核心，是用 IC 材料構成的控制單元，像是用來控制汽車各個系統的嵌入式電腦，內部組成的零件有微控制器、輸入輸出迴路、電源元件、車內通訊電路等，應用在各種電源管理、雷達傳感器、車用資訊及娛樂系統等產品，一部高階車款可能需要上百個電子控制器。

微控制器或稱單晶片微電腦，是車用電子系統運作的重要角色，凡是車聯網、底盤控制、電源管理都需要微控制器。微控制器把中央處理器、記憶體、輸入／輸出介面（I/O）等全部整合在一片 IC 上，也被稱作微型電腦，在電子控制系統中負責數據處理和資料運算；像車子裡的空調、車窗、後照鏡、煞車、安全氣囊、車身穩定控制等，都需要用到微控制器晶片，依據應用產品的複雜程度而使用不同等級的晶片，例如，車窗和煞車使用的微控制器就不同等級。

至於感測器，隨著自駕技術的精進和系統的普遍化，ADAS 需求、先進的 CMOS 影像感測器（CMOS Image Sensor, CIS）技術、5G 射頻技術、光達感測器等車用技術演進，讓 IC 的需求與日俱增。

　　例如，攝影鏡頭的主要元件是 CMOS 影像感測器，透過 CMOS 影像感測器可以把光訊號轉換成數位化的影像資訊，簡單來說，是把拍攝的畫面，透過訊號轉換、色彩調整等複雜過程後，轉換成數位影像。自駕車中的 ADAS 是必要配備，一台車就會加裝數十顆鏡頭，可見晶片市場可能呈現高速成長的趨勢。

　　由於車用電子的廣泛運用，在傳統燃油車需要使用的 IC 大概在 40 種以上，至於高階的燃油車、電動車，最少也有 150 種以上，自駕車的 IC 需求尤其更高，可能超過 200 種。

　　電動車愈智慧化、愈重視安全性，對於晶片的等級要求愈高，例如，多媒體、娛樂、駕駛資訊等較高階的電子化資訊系統多採用此規格，32 位元（bit）已躍上車用 IC 的主流規格，比起 8 位元、16 位元在汽車 OEM 和後裝的市場需求每年平均減退二位數的窘境，32 位元以年平均複合成長率 4.8％，一枝獨秀，預計到 2029 年需求近 4 億美元。

車用零組件驗證期長，安全標準高

　　「安全，是回家唯一的路。」這是交通安全宣傳廣告常見的文案，對汽車製造業來說，安全也是唯一通往成

功的路。

　　車子在道路上跑，可能會遇到相當多狀況，畢竟攸關駕駛和乘客的生命安全保障，車輛本身的安全性就格外重要。

　　車用電子的性質，和民生用品、消費性電子產品的製造設計流程，以及商業模式也大不同。就生命週期來看，消費性電子產品可能一到三年就要汰舊換新，五年大概就是極限，壽命不長；但一部車前期的開發和驗證就可能長達三年，從企劃、研發到量產上市，大約需要四至五年時間，基本的設計壽命在十五年、50 萬公里，使用年限長達十幾、二十幾年。

　　而且車子在戶外到處移動，上山下海，遇到的道路環境複雜，也可能在極地、在赤道，接受嚴峻天候的考驗，因此在高低溫交互變化、強力振動、高速移動等耐受性，比起手機、通訊產品或個人電腦等，需要更嚴格的品質要求，以及更嚴謹的設計、製造流程。

　　不同用途的電子零組件會有不同的規格驗證標準，一般分成軍用級、車用級、工業用和常用的商業等級，而分成軍規、車規、工規和商規等四種標準，車規是僅次於軍規的標準，高品質要求自不在話下。以溫度來說，四種規格溫度標準就不同，例如軍規從 -55℃ 到 150℃，商規從 0 到 70℃，對極端溫度的要求標準各異，

以車規來說，則是在 -40℃到 125℃之間。

為提高電子零件的品質和可靠性，電子元件故障率被嚴格要求降至 1ppb（Parts Per Billion），也就是十億分之一的故障率，幾乎接近於 0，即車用電子零組件都必須符合零缺陷（Zero Defect）的供應鏈品質管理標準。

模組化、標準化，縮短開發流程

所謂「牽一髮動全身」，系統可靠度至關重要，因此，追求產品零缺陷、安全無虞，是車用電子零件最重要的門檻。

在開發階段需要長時間反覆的測試，從性能、耐久性、振動、噪音到安全，都需要時間驗證，嚴謹且努力除錯（Debug）。也需要高強度的驗證，例如振動試驗（Vibration），比一般商規要求更高；生命週期測試，加速高溫、高濕等實測。每一個驗證都必須掌握實際的數據，加以分析改良，每一道驗證手續都不容馬虎。

而不同的規格和產品，安全性認證、可靠度驗證也有不同的標準，例如，ISO 26262 道路車輛功能安全標準，是汽車功能安全的國際標準，適用於乘用車、卡車、公共汽車和摩托車的車用電子系統的硬體元件和軟體元件，要確保在整個車輛生命週期都能達到且保持安

全水準。

　　例如，AEC-Q 驗證，AEC（Automotive Electronics Council）是克萊斯勒、福特和通用汽車和美國主要零部件製造商共同成立的汽車電子協會，主要針對車載應用、汽車零部件、車載電子實施標準規範，建立品質管理控制標準，提高車載電子的穩定性和標準化。常見的 AEC-Q100 驗證規範，就是針對車用 IC 的認證標準。

　　電子控制器開發涉及到硬體與軟體，開發流程則依循 V 模型（V Model），當車廠決定開發一個產品和功能時，需求和規格就從 V 型左邊由上而下，定義系統功能、決定次系統功能、決定電子控制器、要使用的 IC 元件，最後設計畫圖；而進入驗證階段時，則反向從右邊，由下往上，一步一步完成驗證，確認品質及可靠度。若遵循此模式，當產品失效時，可以很快釐清是因設計不良，還是產品製程問題所致。

　　由於傳統汽車的供應鏈很長，從 Tier 1、Tier 2、Tier 3……可能到十幾個階層，加上車用電子構件複雜，要調適所有元件就不容易，在最底層供應鏈的產品若驗證不過，再一層一層往上溝通、更改設計或重新設計、再測試、驗證、除錯，到完成樣車、試駕車、展示車，進而量產，會耗費不少時間。

　　但在電動化的趨勢下，車用電子零組件需求大增，

圖 7-3 Auto IC Master 成員

唯有透過模組化和標準化，優化電動車開發製造流程，不僅縮短開發週期，從四年縮短到兩年，還可大幅降低三分之一甚至二分之一的成本，台灣的車用 IC 廠商才會更有競爭力。

建立台灣車用 IC 指南，為業者鋪路

近年來，電動車的話題熱潮不斷，但台灣有哪些企業在車用電子領域耕耘？外界和業界知之甚少。

公信電子在車用電子領域已耕耘二十年，公信電子董事長宣明智深有所感，台灣需要一個集體學習的平台和工具，讓有意發展電動車市場的業者，以及台灣 IC 公

司了解進入車用電子產品和系統的各項要求，準備就定位，彼此魚幫水、水幫魚，共同推動電動車產業的發展，提升台廠在國際供應鏈的地位。

宣明智認為，台灣應該要有一個類似企業黃頁（Yellow page）的車用電子 IC 指南，讓大家知道，台灣

🚗 **小辭典**

《IC Master》積體電路指南 ————

1977 年，在全世界第一顆 IC 誕生後的二十年，美國發行了第一本，也是市面唯一、完整的積體電路指南——《IC Master》，被視為全球最重要的半導體產業「聖經」。

首冊即厚達 1200 多頁，把當時 84 家 IC 公司按類型、功能、關鍵參數進行編輯，由 IC 製造商提供涵蓋 1 萬 7 千個 IC 產品名錄、部件號碼、IC 圖、主要功能等各項技術資料完整列出，還包括軍事用途的 IC。為了讓讀者容易查找，還分門別類編排零部件索引、產品索引零件編指南、製造商分銷商目錄等，是工程師完整的參考和學習寶典。

《IC Master》每年更新，第二年印刷頁數就超過 2000 頁，每年頁數直線上升，1981 年超過 4000 頁，開始分上下冊印行。根據網路上蒐集的 IC Master 資料顯示，1983 年出刊文本兩冊封面各印上 95 美元，從定價更顯示這本指南的重要性與珍貴。

隨著每年大量增加的 IC 公司、產品部件，讓《IC Master》愈來愈厚重，1991 年再分成三冊印刷。到了 2001 年，三冊重量近 6 公斤。在網路化時代來臨，《IC Master》電子版指南同步上線後，紙本巨著因而日漸式微。

有哪些企業在做車用 IC ？這些企業做什麼產品？他發現，在美國有一本在半導體業非常重要的刊物《IC Master》，詳列 IC 公司、IC 產品、做什麼應用，是了解半導體業「who's who」最好的工具，台灣可以出一本類似的刊物，讓世界很快找到台灣的車用 IC 業者。

2021 年 8 月中，宣明智把想法告訴鴻海董事長、聯電子公司聯陽半導體的創辦人之一劉揚偉，兩人是老同事，經常針對電動車的趨勢及產業發展相互交流。劉揚偉大表支持，雙方一拍即合，立刻付諸行動。

他們發現，國際半導體產業協會台灣區辦公室（SEMI Taiwan）是最適合一起推動執行的夥伴，可共同催生出「Auto IC Master」。

在宣明智號召發起下，SEMI Taiwan 從 2021 年 10 月中到 2022 年 2 月底，邀集協會成員召開了三次會議，也獲得與會企業的參與共識。台灣第一本專為 IC 車用電子產業量身定做的車用晶片指南——《Auto IC Master》，印刷本和網路版本兩者並進，在 6 月底正式問世。

《Auto IC Master》建立車用 IC 廠商名錄、產品名稱、部件號碼、產品特色、用途等詳細資料，可提供車商或採購商快速搜尋參考。

目前登錄的 20 家國內知名半導體企業如圖 7-3，包括：義晶、義隆、公信、晶豪、揚智、鈺創、鴻海精

宣明智有鑑於美國《IC Master》（右）的出版帶動半導體產業連結與發展，號召 SEMI 國際半導體產業協會發行《Auto IC Master》（左），邀請台灣車用半導體晶片廠及上下游供應商，提供解決方案。（SEMI 國際半導體產業協會提供）

 《Auto IC Master》線上版

密、聯詠、原相、瑞昱、凌陽、江左盟科技、鴻華先進、凌通科技、芯鼎、旺宏、聯陽半導體、盛群半導體、為昇科技、車輛研究測試中心等。

「Engineering design begins with the *IC Master*.（工程設計始於《IC Master》）」。在《IC Master》扉頁裡有這一句話，點出這本 IC 指南對工程設計的重要與影響。未來若吸引更多車用電子領域的業者參與，有朝一日台灣

的《Auto IC Master》也能成為全球車用電子產業最有影響力的寶典。

　　台灣車用晶片指南的誕生，不只是一個工具、一個平台，也是一項重要指標，由台灣半導體協會統籌整合出範本，可望拋磚引玉，作為其他產業供應鏈參考的依循，引領更多產業出版車用指南，讓更多投身在電動車領域的優秀企業被看到，促成產業合作，帶動台灣企業界共同學習交流的風潮，在電動車找到另一片天。

借力使力，再創護國群山

　　電動車產業未來的規模比 IC 業還大，每一輛新的電動車都需要新的 IC，且不斷需要更新、更好、更快速創新規格的 IC，而 IC 是台灣的強項，晶圓代工和 IC 設計都是台灣最具核心競爭力的產業，可以用最快的速度推出車用晶片。

　　台灣不只有台積電一座神山，還有像是聯電、聯發科、聯詠、瑞昱等一群高山，把台灣打造成 IC 供應基地，只要台灣掌控先進製程、先進 IC 設計、特殊記憶體，總計擁有市場的 50%，將會成為台灣安全最大的保障。

　　以台灣 IC 競爭力為核心基礎，借力使力，運用已具備的半導體國際競爭力優勢和舞台，讓車用 IC 產業再升

級，搶攻電動車的龐大市場商機。

　　過去，台灣花了六十年打下半導體的江山，已很快速，但在燃油車大限推波助瀾，加上台灣有 IC 產業護持，預期建造電動車新神山的速度，會比建 IC 神山要來得更快。

　　站在電動車的浪頭上，台灣 IC 產業已準備好了，將以車用 IC 大師（Auto IC Master）之姿，迎接電動車時代的來臨。

明 智 觀 察

1. 車用 IC 元件是車用電子的主要核心，在電動車熱潮下，未來將會高速成長。

2. 車用電子安全標準及品質要求高，模組化、標準化可縮短研發和驗證流程。

3. 台灣車用 IC 指南，希望能拋磚引玉，讓台灣企業之間相互學習，提升競爭力。

4. 以台灣已具備的半導體國際競爭力優勢和舞台，讓車用 IC 產業再升級，搶攻電動車的龐大市場商機。

產業大拼圖（三）

CHAPTER 8

電動車產業新聚落

從汐止到台中的連結力

　　「誰掌握『連結力』，創造『供應鏈』，完成『關係網』，決定它是下一個世界經濟霸權！」

　　《連結力：未來版圖——超級城市與全球供應鏈，創造新商業文明，翻轉你的世界觀》（*Connectography: Mapping the Future of Global Civilization*）一書的作者、國際知名趨勢觀察家帕拉格‧科納（Parag Khanna），在書中明確闡釋「連結力」的論點和預言，他認為，「連結已經取代分隔，成為全球性組織的新典範。」

台灣價值在緊密的連結力

　　「台灣最美麗的風景是人」，這句話經常是國外媒體或外國人對台灣的讚譽和肯定。「人」，指的是人情味，來自於台灣人與人之間密切的連結力。

　　台灣人情味彰顯在人際之間的互動與互信上，很容易就拉近距離，不論親疏遠近，很快可以「搭」上關係。因為地方小、距離近，最常講關係，講親戚關係、朋友關係、鄰居關係、同學關係、同鄉關係……。

　　像早年台灣盛行「標會」（互助會的俗稱），有些人跟會只憑著「會頭是誰的誰」，靠著一點邊緣關係就可以參加標會，有些「會腳」還互不認識。又如在高速公路的「野雞車」（違法招攬乘客的遊覽車），幾個朋友、

幾個人，一起投資買輛大客車，賺了錢大家一起分。連去夜市吃東西，隔壁甲攤位的東西，也可以拿到乙攤位去吃，吃完了，還可以一起結帳，乙攤販把錢和餐具再拿給甲攤販。

這種人際關係，在求學階段，不論是小學、中學、高中、大學，每一階段都可以串聯，尤其到了職場、生意場合，更是最容易連結的關係網絡。

台灣人注重人際關係與人際互動，這是一個很強的連結力。有句俗語「親不親，故鄉人；美不美，鄉中水」，最能表達出台灣人喜歡攀親帶故的習性，即使人不親，土也親。

交通，是人與人之間的互動連結；從一個城市到另一個城市，從一個國家到另一個國家，靠著交通工具抵達。全世界有無數的城市，城市的發展良窳，取決於對內的交通運輸，以及對外的港口、機場是否便利，造就了地形上的樞紐，只要人流、物流暢通，都市就有良好發展，創造了無邊界的世界。

交通，也是人與人之間思想和資訊上的交流和溝通。台灣因地理位置相近，很容易檢視個人的信用，建立人際關係，廠商間彼此聯繫，也能快速建立互信，高層主管及實際執行者可直接溝通，無縫接軌；人際網絡密切，建立了快速交流、學習，以及開放式的合作關

係，可以共同面對問題、快速執行，人際的連結力，創造出台灣的核心競爭力、台灣的價值。

連結力，描繪出連結世界的美好未來。然而，迎向電動車的未來，台灣的機會在哪裡？

從汐止到台中，西部走廊的連結力

1971 年 8 月 14 日，中山高速公路動工興建，這是台灣第一條國道（稱國道一號），一九七〇年代的十大建設之一，是貫穿南北的台灣西部走廊，曾是帶動台灣經濟加速起飛的指標之一。

沿著西部走廊，北端從新北的汐止開始，汐止經貿園區、南港軟體園區、內湖科技產業園區、五股、林口、南崁、龜山、平鎮、幼獅、中壢、新竹科學園區、三義、竹南；再一路往南到台中，每隔二、三十公里就有一處工業區，五十年來，各產業聚落一個一個誕生，支撐起台灣經濟成長的曲線。

從汐止到台中，不到 200 公里的距離，密布全球最完整、最快速、最密集的開發能量及各個產業供應鏈（如圖 8-1）。

從新北汐止往南到新竹科學園區，連綿密布著資通訊產業供應鏈，串起全世界晶片到系統、電腦到手機等

圖 8-1 汐止到台中工業區與科學園區分布圖

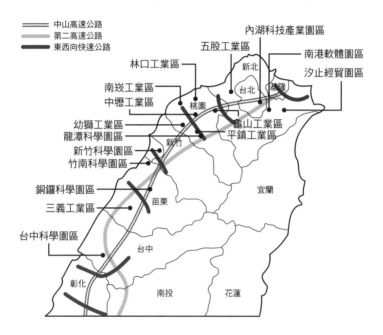

關鍵零組件的供應體系，孕育出實力強大的資通訊產業，涵括電子零組件製造業、電腦、電子產品及光學製品製造業、電信業及資訊業，在世界舞台上發光。

從桃園到三義，則是台灣汽車產業發展的重要軸線；桃園有中華汽車、國瑞汽車、福特六和三大汽車製造廠，以及上百家零組件協力廠商坐落於此；再往南，則

是由裕隆集團（裕隆汽車、納智捷等）坐鎮形成的三義汽車製造工業區。

順著國道一號再往南，直到台中，是台灣機械業的重要生產基地，加上中科擁有全球單位面積產值第一的精密機械科技創新園區，擁有 1500 家精密機械及上萬家下游供應商，吸引龐大人才和技術實力，另外還有大肚山科技走廊，未來朝向軟體、研發、設計等策略性產業發展。

在凡事講求高效、快速的時代，從汐止到台中短短距離，串聯起資訊、通訊、汽車、電子、電機、精密產業等產業脈絡，快速連結是台灣最大的競爭優勢。

台灣機會在供應鏈快速串聯

過去習於單打獨鬥的台灣廠商，總是各自對應國際品牌，例如，台灣廠商的強項是 IC 代工或是做手機，供應國外大客戶，但較少直接面對通路、消費者，了解市場需求，跟市場的關聯性較低。要做什麼應用、要設計功能、規格都由客戶主導，對於關鍵技術「知其然，卻不知其所以然」。

由於台灣人際互動快、連結力強、又勤奮勤勞、精益求精，以半導體代工和 IC 設計產業來看，奠定了雄厚的實力和核心競爭力。現在的台灣廠商不僅能「知其

然，也知其所以然」，更懂得客戶要什麼，也做得比競爭者好，設計能力好、製造能力強，不斷提升品質，因而建立不易被取代的核心價值和競爭優勢。

有了價值和優勢奠基，進一步創造了機會。電動車的興起，讓車用零組件和資通訊產業大量連結，大大改變車輛產業供應鏈的結構和生態。

舉例來說，基於安全性的考量，電動車未來的軟體、性能可以立即更新，生命週期就明顯縮短；加上，產業鏈密集而扁平化，從開發、生產到製造都轉變為更加靈活、改款快速、客製變化大。

現今，一部車的誕生，企劃開發、設計流程不斷縮短，從概念、畫圖、交樣品到改良，大家都在搶時間，供應鏈之間，要更密集且快速溝通，需要彼此更強的連結力。

換言之，誰的速度快、循環快，誰就贏。

在資通訊產業技術加乘下，電動車產業將是未來台灣經濟發展的一大驅動力。電動車有上萬種零件，光是 IC 晶片就有超過 150 種，台灣在 IC 半導體領域擁有最強的競爭力，加上在資通訊產業的堅實根基，有助於從零組件進階到次系統的供應鏈，同時，能跨企業、跨產業合作，以專業分工、開放平台和資源整合，加速新商業模式的發展。

未來，台灣的機會在汽車、電子、電機、精密產業的連結，挾著高度競爭優勢進入這場世紀大賽。

交通、產業、科技，找到新的連結力

在這場賽局中，政府可以做什麼？因為車輛在道路上跑，每個地方政府都會管，要怎麼做？各地方的產業政策又如何？都尚待解答。

回到台灣這塊土地，如何把電動車產業、科技和主管交通業務的部會需求連結？

以政府單位來說，本身就有龐大的需求（如公務車、垃圾車、國道巴士等），又是遊戲規則的制定者，可以影響政策的制定和決策。

交通大學是台灣少數擁有交通運輸管理相關科系的大學之一，而主管交通事業的最高機關交通部，許多身負重要職務的高階官員也是交大培育出來的。

2019 年 4 月 13 日，是交大成立一百二十三週年、在台建校六十一週年校慶，當時的新科交通部部長林佳龍因幕僚多是交大校友，當天受邀參加盛會。交大傑出校友、名譽博士宣明智也應邀出席，在會場和林佳龍交流想法，並提出成立「交通科技產業會報」的建議。

沒想到林佳龍察納雅言，很快付諸行動。8 月 24

日，宣明智接獲交通部的邀請函，徵詢出任交通科技產業會報顧問，9 月 5 日首度以顧問身分參加交通部智慧電動巴士產業論壇，次日出席交通科技產業會報成立大會，與產業界和學術界專家學者共同協助交通部擬定交通科技產業發展政策。

產業會報成立一年多，共設置十二個產業小組，包含智慧電動機車科技產業、智慧電動巴士科技產業、智慧公共運輸服務產業、鐵道科技產業、無人機科技產業、5G 智慧交通實驗場域、智慧海空港服務產業、交通大數據科技產業、自行車及觀光旅遊產業、智慧物流服務產業等小組。

過去的關鍵零組件科技業者，現在也可以參與交通運輸事業，在跨部會整合資源下，不僅帶動交通科技產業起飛，也帶來了新的連結力。

例如，交通部推動 5G 智慧交通實驗場域，就集結了中華電信、遠傳電信、勤崴國際、華電聯網、英研智能移動、義隆電子、公信電子、美超微電腦、研華科技、磐儀科技、全球動力科技、納智捷汽車等各領域專業公司，猶如組成一支實力堅強的國家隊，為智慧交通的願景鋪路。

循環機制內外兼修，打通任督二脈

台灣過去的產業發展，以外銷為導向，主要是因為國內市場不大，大量生產的產品必須外銷海外市場，靠外在的需求填補，才能符合生產的經濟效益，這就是所謂的外循環經濟。外在需求市場通常都是由客戶主導，產品要做什麼、怎麼做、怎樣改，全都要聽客戶的，沒有「話語權」；加上，過去產業技術不夠先進，也沒有夠強的系統整合能力，台灣廠商只能幫國外大企業代工。

這一條外循環經濟的路，非常漫長，台灣企業走了三、四十年。

但今非昔比。也因為良好的外循環經濟模式，讓台灣脫離已開發國家的末段班，靠向已開發國家，提升內循環經濟，國內有需求，又有能力靠自己供應，像台灣的車輛零組件，不需要仰靠進口，國內市場的循環經濟就可以自己做，創造了內循環的產業機會。

透過內循環經濟，可以解決原先沒有接近市場、沒有接近用戶的問題，又能因地制宜，貼近在地需求，例如，推動國車國造政策，可以很快的讓台灣汽車供應鏈廠商知道要做什麼、怎麼做、怎麼改進，經由快速的內循環機會了解市場到底要什麼，內部循環機制很快就可以完成。

有了良好的內循環之後，供應鏈的廠商先了解電動車市場的需求，進而提升品質，而原有外循環基礎帶來更大的市場規模和銷量，成本降低，又進一步擴大內循環經濟需求和規模，內外循環可以接軌，讓企業競爭力大大提升。

未來的電動車產業會走向生產在地化，台灣不一定要侷限在發展自有品牌，但可提高供應鏈自製率或台灣製零組件的比重。例如，不論是福特在台灣製造生產電動車，還是豐田汽車來台灣設廠，只要國外品牌來台灣建廠賣車，若使用國內供應鏈生產零組件達一定比重，即提供租稅減免或相關優惠等政策。

如此一來，由內循環幫助外循環，外循環再回過頭幫助內循環，內外循環相生相成，「內外兼修」，就能打通任督二脈，不斷提升核心競爭力。

電動車產業聚落畫出新軸線？

拆開一部電動車，內部結構複雜，零件包羅萬象，但攤開供應鏈圖，從零組件、機械、機殼、馬達、電源供應器……，甚至電池的部分材料、設計、工藝、模組化、製造經驗……，大概有七、八成可以看到台灣企業的影子，這種產業的比重和優勢，沒有其他任何一個國

家比台灣更完整（台灣電動車相關產業及代表性公司詳見 p270 附錄三）。

這是一個大好的機會，也是充滿挑戰的時刻。在燃油汽車大限到來之前，台灣企業要如何面對產業變革轉型？這是一個比半導體產業還要大十倍以上的機會，但也充滿許多不確定性。台灣企業到底要怎麼做？台灣政府要做些什麼？要如何掌握機會？是政府、產業界都應該關心的重大議題。

現階段，全球都在鳴槍起步發展電動車，大家站在相同的起跑點，台灣廠商必須重新建構電動車的發展策略，主動建構並積極整合，打入車廠的供應鏈，才能及早搶下電動車市場大餅。

在科技多元化、未來充滿變數之際，台灣可以運用強大的連結力優勢，跨行業、跨公司、跨越不同階層互動、交流、學習，若能快速運轉，進步的速度就比別人快，可以創造新的優勢，更有機會將電動車產業打造成台灣的護國群山。

隨著趨勢演進，傳統汽車轉型邁向數位化、電子化、自動化，汽車產業、資通訊產業，再串聯起精密機械工業，從汐止到桃園，從竹科至中科，密集開發的傳產聚落和科技重鎮跨域支援、攜手合作，畫出一條新的軸線，可望成為發展電動車產業的新聚落！

明 智 觀 察

1. 人際間密切且快速的連結，是台灣的價值，也是核心競爭力。

2. 交通、產業、科技的連結力，是台灣未來經濟發展的最大驅動力。

3. 電動車產業將走向在地化，台灣不一定要侷限在發展自有品牌，但可提高供應鏈自製率或台灣製零組件的比重。

4. 從汐止到台中，有望成為台灣發展電動車產業的新聚落。

技術大攻略（一）

CHAPTER 9

拚自製率在地練兵

MIT 大巴上路，小車更能國產化

每天，大約有 1 萬 5 千輛市區公車及長途公共客運巴士，穿梭台灣各地都市、城鎮的大街小巷，或在國道上飛馳，南來北往。

細數跑在路上的巴士，電動車僅有 500 多輛，台灣推動電巴上路已有十年，從數字來看，巴士電動化的轉型之路似乎走得很艱辛；然而，十年來，台灣已有自製電巴的能力，不僅能「MIT（Made in Taiwan）」，且已有出口菲律賓、新加坡、泰國、印尼、日本等海外市場的實力。

台灣在電動巴士「十年磨劍」所積累的功力，正成為發展電動車產業最佳的練兵利器。

公共巴士將最早落實電動化

電動車近年來在全球車輛市場中風起雲湧，預期最早完成電動化並且最成功「油轉電」的車種，將會是以公共運輸為大宗的巴士。

根據國際能源總署統計，2021 年底全球電動巴士庫存量總數約 67 萬輛（包括純電巴士和插電式油電混合車），這個數字，雖然僅占全球巴士規模的 4%，但國際能源總署預估在 2025 年全球電巴數量會倍增 150%，成長到 167 萬輛，2030 年則超過 300 萬輛。

　　根據彭博新能源財經統計，截至 2021 年底，電動巴士銷量已占全球巴士銷量的 44％。先前，彭博新能源財經即預估，到 2040 年，零排放的巴士占全球巴士總銷售比例會提升到 83％，以這個速度來看，巴士電動化目標可望比各類車種更早達陣。

　　根據國際能源總署針對各國電動車政策的資料分析，各國時程最快是 2025 年，慢則到 2035 年，可望實現巴士全面電動化（如表 9-1），普遍達成的時間點是落在 2030 年。

　　台灣也不落人後。國發會在 2022 年 3 月底宣布「2050 年淨零路徑圖」，描繪出各階段里程碑，2025 年市區電動公車普及率 35％；2030 年市區公車及公務車全面電動化，且電動車市售比 30％、電動機車 35％；2035 年分別達到六至七成；最終目標要在 2040 年電動車及電動機車市售比達百分之百。

政策加持支撐基本盤，商機可期

　　觀察電動巴士各地市場的發展，成長最快的是亞太地區，尤其是占全球電巴市場 97％的中國大陸主導整個市場。過去十年來中國電巴市場呈噴出式成長的關鍵，就是政策補貼激勵買氣，中國大陸官方提供數 10 億美元

表 9-1 各國公共巴士電動化／零排放車時程表

國家／地區	公共巴士電動化時程表
丹麥	2025 年銷售巴士 100%零排放車；2030 年公共交通巴士 100%零排放
荷蘭	2025 年銷售公共交通巴士 100%零排放車；2030 年達到 100%零排放
紐西蘭	2025 年只能購買零排放公共巴士，2035 年公共巴士 100%零排放
加拿大	到 2026 年提供 22 億美元支持購置零排放的公共交通和校車
愛爾蘭	2030 年公家機構採購低排放或零排放公共巴士目標提高到 65%
奧地利	2030 年新登記的 18 噸以下重型車輛 100% 零排放
匈牙利	承諾 2030 年內電動巴士取代一半傳統巴士
維德角	2035 年新銷售公共巴士 100%電動化
哥倫比亞	2035 年新銷售公共巴士 100%電動化
巴基斯坦	2030 年公共巴士 50%電動化，2050 年達到 90%
挪威	2030 年新長途客車銷售零排放目標 75%
美國加州	2029 年公共交通巴士、公務巴士 100%零排放、2040 年 100%零排放
中國海南	2025 年公共巴士淘汰汽油車或柴油車
台灣	2025 年市區公車 35%電動化、2030 年公車及公務車全面電動化

資料來源：IEA、行政院

資金補貼供應商，大大刺激內需市場急遽擴張。

在全球淨零呼聲中，各國政府制定零排放車的目標，積極加快採用電動巴士的政策，推動各種購買激勵措施，尤其是歐美等地，由政策主導加快巴士的轉型，例如，2021 年初，德國政府從歐盟委員會獲得大約 3 億 5400 萬餘美元資金，用於購買新的電動巴士。

另外值得關注的是，人口第二大國印度，將是未來另一個電巴成長的加速器。為了快速普及電動化目標，印度政府提供總經費約 14 億美元的獎勵計畫，86%補貼電動車，其中包括在 2024 年新採購 7 千輛電巴；由於基期低，預期到 2030 年全印度電巴數量將呈數十倍成長至 3 萬 8 千輛。但相對未來還有近 300 萬輛傳統巴士的汰換規模，十年之後的市場商機，將更為可觀。

在各國政策的加持下，預期電動巴士未來商機可期。根據全球市場調查公司 Global Market Insight 統計，2021 年全球電巴市場規模超過 400 億美元，預計 2022 年至 2028 年，將以年複合增長率超過 10%的速度成長，市場規模將超過 750 億美元。

電巴補助政策，MIT 首度上路

事實上，若無政府提供足夠的長期資金支持，建構

整體巴士的網絡和生產計畫，僅憑業者之力，在營運初期將面臨不小的風險。全球各地在政策加持下，支撐電巴的基本盤，台灣亦然。

2012 年，是台灣電動巴士史上的創新里程碑，由台灣自行研發製造、第一輛取得交通部合格證明的國產純電動巴士，由當時唯一生產電巴的華德動能正式推出。

這部電巴採用換電式電池，六分鐘就能更換電池上路，不必花時間充電。許多關鍵的先進智慧化技術一一導入，例如智慧化的監視裝置、觸控螢幕的儀表板等，當時國產自製率已逾六成，從整車設計、底盤、動力控制系統等，都是 MIT。

由於電巴造價高昂，售價遠高於燃油巴士，大筆投入成本讓客運業者卻步，為提升業者採用電巴的意願加速汰換大客車，早在 2011 年，交通部即提出「交通部公路公共運輸補助電動大客車作業要點」，由環保署、交通部及經濟部三大部會分工合作，擬定電動巴士補助計畫，當時以十年、200 億元的預算，預計汰換 6000 多輛柴油巴士。

重金策略下，陸續吸引包括華德動能、立凱電能、小馬租車、唐榮車輛、必翔等五家國內廠商，投入電巴研發。

雖然在十年後回顧，台灣推動電巴的成果並未如預

2012 年，華德動能推出由台灣自行研發製造、第一輛取得交通部合格證明的國產純電動巴士，為台灣電巴創下新的里程碑。（華德動能科技股份公司提供）

期，目標達成率不及十分之一。但十年間，為提升產業技術能力和國產供應鏈的關鍵零件比例，不斷修訂補助政策，直接、間接引導國內產業提升了電動車領域的技術量能。

國產自製率逾五成，提升附加價值

為鼓勵車輛業者持續提升產業技術能力，交通部 2014 年修正作業要點，補助政策增訂「性能驗證規範」，並為落實供應鏈國產化目標，增加「附加價值率要求標準規定」，由交通部會同經濟部、環保署等相關單位、邀集專家學者審查，電巴車體及充電站建置由交通部補助；環保署則補助車體及電池；經濟部則負責附加價值率審議。

申請補助的電動大巴，必須通過安全審驗及六項性能驗證規範，包括電磁相容性、電氣安全性、爬駐坡性能、高速巡航性能（市區時速 60 至 65 公里，行駛至少 20 分鐘；高速、快速公路時速 90 至 95 公里，行駛至少 20 分鐘）、殘電警示及續航性能、符合國家標準（CNS）充電系統等。

附加價值率規範則採漸進式，從 2014 年到 2017 年分別要求達到 30%、40%、50%、70%。由於 70%規範難以達成，2017 年交通部再修正「電動大客車附加價值率要求基準規定」，附加價值率應達 50%以上。

性能驗證、附加價值率是大客車補助的兩個門檻，亦即電動大客車要申請補助時，不論是整車或各零件，都必須通過相關單位檢驗取得合格證明書，並向經濟部

提出申請大客車附加價值率要求標準規定評估意見，通過經濟部審查後，才能向交通部申請補助。

依據「經濟部提供大客車附加價值率要求標準規定評估意見作業要點」，經濟部工業局擬定車輛零組件分類表，廠商據以填寫電動大客車附加價值率評估申請書、國產與進口材料及零件一覽表，經濟部再依據廠商提供的書件，邀請七至九位產官學界委員召集評估會議，審核附加價值率是否達50%以上，再給予評估意見。

根據規範電動大客車附加價值率（包含各關鍵零組件）的計算公式如下：

$$附加價值率 = \frac{貨品出廠價格 - 進口材料及零件價格}{貨品出廠價格} \times 100\%$$

其中，貨品出廠價格包含成本、業務費及利潤，扣除進口原材料成本後，除以貨品出廠價格後的比例必須大於 50%，換言之，進口比例要低於 50%，才有可能符合補助標準，因此，附加價值率又稱為國產自製率。

2020 年初，交通部又擴大修訂「電動大客車示範計畫補助作業」，規劃補助客運業者購買甲類電動大客車經費，每輛最高 1000 萬元、乙類電動大客車每輛最高 610 萬元，均包含十二年維運補助，也可包含電池成本。先期將投入 230 億元，推動 2030 年客運（公車）全面電

動化的目標，預期十年內，把全台灣 1 萬 5 千輛客運全面汰換成純電動巴士，並朝國產化邁進。

跨業合作結盟拚自製率

若以一輛電巴單價在 1 千多萬元、1 萬 5 千輛的汰換需求換算，市場規模超過 1500 億元；這些數字，還不包括旅行社的遊覽車、企業接駁或學校通勤巴士等近 1 萬 5 千輛規模，合計約 3 萬輛大巴，可望創造數千億元的商機。

由於電動大巴每輛單價都高於 1 千萬元，不僅造價不菲，巴士製造商的資本投入和技術含量也很高，因此，國內企業為拚自製率及提升技術能力，都採跨產業合作結盟方式投身電巴製造。

近十年來，耕耘台灣電巴產業的有六大車體整合業者，包括華德動能、總盈汽車、成運汽車、唐榮車輛、創奕能源和凱勝綠能，以及由鴻海和裕隆集團合作、甫於 2021 年成軍的鴻華先進。

電動巴士涵蓋車用電子、資通訊產業鏈，金屬材料、馬達等，其他還包括整車控制器（VCU）、電能管理、電池管理、充電管理、車載雲端後台等多項管理系統開發。

第一款以 MIH 商用車平台為基礎，生產出來的電動巴士 Model T，也是鴻華先進第一款正式上路的電動車產品。（鴻海精密工業股份有限公司提供）

　　台灣第一輛通過國家認證的電動巴士製造商是華德動能，也是第一家取得自主設計資格的廠商，率先通過電動大客車示範計畫車輛資格審查的業者之一，國產自製率超過 60％，例如底盤、車體結構都是華德自主設計生產，華德大股東是車王電，和馬達大廠東元電機合作，採購電動巴士動力系統，包括馬達及驅動器動力模組，以拚國產自製率。

　　例如，唐榮和大同、四方電巴合作，採用大同研發的電巴動力系統，搶占台灣市場。

　　至於後發先至的鴻華先進，以 Model T 為例，逾65%零組件來自 MIH 聯盟的台灣供應商，車架和車體的車身部分，分別來自順益、江申、台玻、中鋼；座艙、車載資訊娛樂系統等內裝，則由公信電子、富智捷、寶捷供應；電巴最關鍵、最重要的地基——底盤，由鴻華自行打造，還包括底盤模組廠為升、劍麟及工研院等相關單位。

2021 台灣電巴啟動元年

　　2021 年，是台灣電巴發展元年，電巴產業好消息頻傳，在政府的補助加上國產自製率要求下，不僅可以自製，還能出口銷往海外，奠定行銷世界的基礎。

　　成運汽車 5 月間宣布進駐沙烏地阿拉伯，不僅在當地設廠，還要轉移電巴技術給沙國。

　　10 月中，鴻華先進一口氣發表一款電巴、一款轎跑車和一款七人座休旅車，三款新車且大小車一起亮相，刷新國人眼界。

　　10 月下旬，由台灣智慧駕駛、創奕能源合作，研發製造的 3 輛國產自駕小巴正式出口到泰國，創下台灣首次輸出自動駕駛平台，也是泰國第一批自動駕駛巴士。

　　創奕能源是台灣電動巴士、儲能設備大廠，已在東

2021 年，成運汽車在沙烏地阿拉伯設廠，並轉移電巴技術給沙國。（成運汽車提供）

協耕耘多年，和新加坡、馬來西亞、泰國、印尼、印度等國上市公司策略合作，客製化供應電巴、自駕電巴、電池系統、三電系統等產品與服務。2020 年已出口印尼電巴底盤；2021 年 12 月再出口電巴至新加坡。

2022 年 4 月底，華德動能與日本住友商事合作開發、設計和組裝符合日本法規的電動化巴士，正式外銷日本，這是台灣電動商用車首次輸出日本。

上述亮眼的成績，足以證明台灣過去在資通訊的實

創奕能源於 2020 年出口印尼電巴底盤，2021 年 12 月再出口電巴至新加坡。（創
奕能源科技提供）

力，可以無縫接軌延伸應用到電動車產業，且不只侷限
零組件，連體積龐大、安全度要求嚴格、結構複雜的大
巴，都有能力製造出口，也可以整廠輸出，或將零組件
成套外銷到國外組裝，協助國外建廠，與當地合作、當
地生產製造。

MIT 大巴上路，再次印證台灣的核心競爭力，有機
會創造一座電動車神山。

大巴能自製，小車可以嗎？

以「大」觀「小」，台灣已有自製能力且輸出大巴的經驗，MIT 大巴上路，小車也可以嗎？

就結構來看，大巴不僅體積大，底盤系統大不同，對電能的需求和管理以及各類系統間的連結管理，都要比小車更重要且繁複。如果這麼難的事，台灣廠商都有能力搞定，小車沒有道理不行。

從經濟部工業局為審核電動巴士附加價值率而擬定的車輛零組件分類表，可以清楚看出電動大客車的各項關鍵零組件和系統名稱，其實和小客車無異，這些關鍵零組件可以應用在大巴上，應用在小車上更非難事。

換言之，台灣廠商能自製大巴，絕對有能力製造小車。加上台灣過去也有油車自製的經驗和能力，電動車更可以自製。

事實上，台灣自製電動車的成功經驗更早於電巴，2010 年，台灣第一輛電動車問世，更號稱是全球第一部七人座電動休旅車。

2005 年底，獨具慧眼的裕隆集團前董事長嚴凱泰，預見電動車的大未來，先知先覺的成立華創車電技術中心，率先投入電動車研發，2008 年創建旗下的自有品牌納智捷，2009 年底在全球最大的杜拜車展上，裕隆首次

2009 年，納智捷推出全球第一部七人座電動休旅車，續航力已能達 300 公里以上。（納智捷汽車提供）

參展，且是唯一展出電動車的廠家，以納智捷之名推出第一款電動車，也是全球第一輛多功能休旅車（MPV）電動車，重達 2 噸的七人座休旅車，續航力可達 300 公里以上，驚豔四方。

　　由華創車電負責研發、納智捷整車製造的電動休旅車，2010 年中正式掛牌，只比特斯拉的 Roadster 純電小跑車晚兩年，裕隆集團在電動車之路起步得早，且風光一時，但十餘年來，卻走得非常艱辛，僅推出 3 款純電

動車，銷量均不如預期。虧損多年的華創，成為鴻華先進的前身，鴻海和裕隆合資的平台。

然而，納智捷的誕生，印證台灣確實有自主研發設計生產電動車的能力，且透過技術平台，和致茂、台達電、東元、富田等國內各關鍵元件廠商合作，展現出國產電動車的技術實力。

台灣擁有造車的技術，大巴能，小車更可以，甚至是大小貨車，都有自製的能力和機會，絕對可以落實國產自製化。

在地製造，年銷 40 萬輛內需市場支撐

由於車輛體積龐大、重量又重，長途運送因占空間，耗費金錢。在地組裝生產，是過去傳統車廠慣有的商業模式。

過去以來，台灣汽車產業大多由國際車廠授權，提供關鍵零組件和生產技術，在台灣組裝生產。目前主要的國產車製造廠，例如，和泰集團旗下的國瑞汽車，包括 Toyota、Hino 品牌；中華汽車包括 Mitsubishi、Fuso 品牌；裕隆汽車的 Nissan 及自有品牌 Luxgen；福特六和的 Ford；三陽工業的 Hyundai 和台灣本田的 Honda。

而以品牌來看，2021 年的前十大品牌，除了豐田汽

表 9-2 2021 年各類新領牌照車輛及總數

年度	汽車	大客車	小客車	貨車	特種車
2021 年新領牌照	449836	1341	382918	60060	5517
2021 年保有台數 *	8335217	30061	7010779	1294377	--

資料來源：交通部公路總局、財政部
* 依財政部使用牌照稅稅源統計，保有台數含應稅及免稅（電動車）。

車維持年銷 12 萬餘輛規模外，其他品牌都在 3 萬輛至 1 萬餘輛不等。以銷量來看，由於品牌過於分散，相對規模都不大，假設一年有 10 萬輛銷量、一個月就有近萬輛，即符合經濟規模，可以在地化生產。

電動車電池重，體積又龐大，一旦落實當地製造，可望大大降低運銷的成本和時效，本地生產製造絕對是趨勢。

台灣有沒有在地造車的市場？答案是肯定的。

以小客車為例，一年就有近 40 萬輛新車的胃納量，已擁有內需市場的基本盤（base）。

根據交通部公路總局統計，2021 年全年新車掛牌數是 44 萬 9854 輛（如表 9-2），是近十年來僅低於 2020 年的次高紀錄；小客車市場從 2012 年回升到 30 萬輛後，2016 年至今，每年大約增加 39 萬輛掛牌新車。另外，值

得關注還有貨車市場，從 2011 年的 2 萬 3 千多輛成長到 2021 年的 6 萬輛，小貨車從一年不到 2 萬輛成長到 4 萬 7 千多輛的需求。

　　從新車掛牌數量來看，內需市場需求穩定，還有 1 千多輛的大客車新車需求，加上 3 千到 5 千多輛的警備車、救護車、消防車、郵務車等特種車輛。

以「基本款」練兵，提升核心實力

　　在台灣力拚電巴國產化的政策下，擁有 3 萬輛電巴的經濟規模，將成為台灣電動車產業本土「練兵」的最好機會，以小客車國產化作為自製化的第一步。

　　自己的電動車自己造，內需的整車市場可以由台灣廠商就近掌握，肥水不落外人田，特別是基本款，既有內需市場支撐，可以快速練兵，又可以整合系統，提升技術實力。

　　面對全新的電動車市場和趨勢，台灣政府和業界都要以全新的思維，綜觀下述四個策略方向和優勢，才能掌握致勝先機，迎向世紀之戰。

　　第一個策略是以基本款為主，為國產化製造技術練功。一般車廠設計製造的車輛，以小客車或乘用車為例，會依消費者的需求做市場區隔，打造出不同規格、

　　價位等車款，例如，基本入門款、商用型、豪華型，甚至是收藏級的頂級車。

　　我們搭飛機時，可以依個人的消費能力，或要求舒適度不同，選擇自己喜好的艙等，飛機上的座艙位置不同，票價也不同，一般分成經濟艙、豪華經濟艙、商務艙、頭等艙等。以經濟艙或豪華經濟艙為例，這兩艙等的數量，可能占全部票種的八成，但票價卻是全部艙等票價的六成或更低。

　　如果僅需要日常代步，從經濟上考量，基本型、入門款或國民品牌車，就可以滿足需求；如果需求和經濟性脫勾，或為了偏好、表彰身分，像搭商務艙、頭等艙享受尊榮，較高級的、豪華型的車款，消費者願意多花錢，就買高價進口車；消費者可以依喜好和實用性，各取所需。

　　台灣要發展在地化本土造車，不妨從小型的客車、基本款、價格低的車型切入開始練功，如果基本款都做不好，遑論其他。等練足了功夫，基本款能做得好，就擁有基本的競爭力，再向上提升。

　　以純電動車為例，依據國際能源總署的統計資料，在中國，2021 年一輛純電動車加權平均價格大約是 2 萬 7 千美元；歐洲則是 4 萬 8 千美元；美國因主導純電動車地位的特斯拉推動價格，平均價格更高達逾 5 萬 1 千美

元。各地區明顯存在價格差異，以中國為例，電動車平均車型較小，具基本配備，因而成本價格較低，雖然均價仍比汽油車高出 20％，但只有歐美均價的 50％左右，相對具競爭力。

又如人口第二大的印度，當地汽車製造商在政策支持下，能產製出低於 110 餘萬盧比（約低於新台幣 50 萬元）的國民車款，比起售價在新台幣 140 萬、150 萬元之譜的歐美車，更吸引一般民眾青睞。

不侷限自有品牌，以台灣經驗協助海外設廠

第二個策略是需要全新的思維，不必侷限自有品牌，提高自製能力。

電動車的趨勢如大潮洶湧而至，政府應全面加持，提升產業發展，不必侷限自有國產品牌，只要在台灣設廠生產，不論是零組件、系統或整車，都可視為國產自製。唯有真正落實本地製造、在地化生產，才能快速提升國內製造能力。

台灣的機會不一定在自有品牌整車製造。如果能吸引國外品牌來台合作設廠製造，一來關鍵零件可以就近採用台灣製品，直接出貨，可以縮短時間；二來，增加台灣廠商練功的機會，提升技術實力和競爭能力。

　　第三個策略是以台灣經驗，和友好國家合作協助設廠，並協助拓展外銷。

　　假設以台灣的內需量能，目前可以胃納六個汽車品牌或者說六個生產工廠，如果以台灣約 2300 萬人口的比例換算，大約只要超過 3、4 百萬人口的國家，就可以擁有一個車廠或生產基地。

　　例如，近年頻頻釋出善意和台灣友好的立陶宛，雙方互設代表處，並進行次長級經濟對話，會議聚焦在半導體、雷射、電動巴士等產業領域，這是雙方經貿往來良好的開端。以立陶宛人口將近 300 萬人，即適宜在當地興建一座車廠，建立在地品牌，以台灣掌握關鍵零組件的技術能力，未來不妨順勢推動雙方合作或協助立陶宛興建汽車廠。

　　其他和台灣友好關係的國家，如歐陸的荷蘭、捷克、斯洛伐克，和東南亞國家，台灣可以整廠輸出或提供零組件，雙方合作、結盟或建立供應鏈、系統管理，以「製造管理專家」之姿，協助打造當地品牌、建廠製造基本款的小車。

發揮核心競爭優勢，掌握海內外市場

　　最後的策略為加快改款速度，競爭性愈高，愈能凸

顯台灣產業核心競爭力。

電動車時代和油車最大的不同是，製造技術走向規格化、標準化及模組化，最大的特性就是組裝性比較高。

組裝性高，換言之就是，改款的速度快。

過去的傳統汽車，不僅研發製造流程長，改款也不易。以歐洲車來看，三到七年底盤、車架、引擎會大改款，三年左右換一換燈具或修改空力套件（保險桿、側裙、引擎蓋、尾翼、擾流板），做些小改款；至於日系車，時程縮短些，但小改款也要一到兩年、五年大改款。

而未來的電動車日益先進，手機會跟車機聯網、車機跟著車子走、車子又跟著環境走，所以改款速度會非常快，加上供應鏈扁平化後，IC 改款快，兩者形成互催。

台灣產業供應鏈在底盤、三電領域大多已掌握核心技術，並具備電池組、電池管理系統，或電機、電控部分大都具備產製能量。在電源、充電、系統整合、控制器、晶片等都是台灣的強項，在汽車供應鏈有許多隱形冠軍，品質、性價比各方面都不落人後。

未來電動車改款快，若台灣廠商產品做得比別人好，速度快、改得快、服務效率快，就形成綜合競爭力，競爭性愈強，台灣產業的核心競爭力更易顯現，浮出檯面的機會就更高。

雖然有些技術不如歐、美、日，例如系統整合能

力，則可以透過和國外技術優異的業者策略結盟，以補
足國內的技術缺口。

　　畢竟台灣的市場不大，政策應鼓勵本地製造，國車
國造，連結、整合國內供應鏈的力量，進入內需循環經
濟圈，學習、了解電動車的商業規格及運作，一旦內循
環效益顯現，再跨出海外，在國際競爭上創造外循環經
濟效益，不論是內需或外銷，讓內外雙循環良性發展，
「內外兼修」，才能做大市場的餅，搶占上兆元的商機。

明智觀察

1. 在地化生產是電動車趨勢，從大巴國產化開始練兵。

2. 台灣可以自製大巴，小車更有能力自製。

3. 以基本款設計為主，既有市場支撐，又可快速練功。

4. 不拘泥自有品牌，吸引外商來台設廠、合作，提高本地製造。

5. 從內需自製奠定技術實力，再向海外拓展市場，「內外兼修」。

技術大攻略（二）

CHAPTER 10

續航力大作戰

電池效能、充電技術為關鍵

當一天結束準備就寢前，你習慣把手機插上充電線，第二天，經過一夜，手機顯示電池電力 100%。

未來十年、二十年，這個日常習慣，換成了每天移動代步的電動車。

當你駕著車回家，車子駛入車庫、停車場，車停妥後，拉出充電線，插入充電器。隔天一早，開著顯示 100% 電池電量的愛車出門上班。

電，是電動車驅動的能源、能量，取代了過去的汽油。在未來電動車即將大流行的趨勢背後，電池無疑扮演重要的角色，在這場電動車的世界盃競賽的同時，也展開一場電池和充電技術的大比拚。

技術躍進，化解續航里程焦慮

近幾年電動車市場增溫，上千萬輛電動車上路，要歸因於續航里程提升、電池技術提升、轉換能源效率提高，以及電池成本大幅降低、充電設備愈來愈普及等因素。

電池是純電池電動車的關鍵元素，又被稱作電動車的心臟。電池好比油箱，是儲存電能的容器；油箱裝滿油、油量還剩多少，都可以從儀表板上的油表顯示得知；電動車充滿電後，電池的電量也會左右最遠可以跑多少

距離，稱之為電池的續航力，是選擇電動車的重要指標。

　　續航力又可稱續航里程，是指電動車一次充滿電量可以行駛的最大距離（里程數）；對於電池電動車而言，續航里程可視為電池的儲存電量。在中控儀表板上，依車型不同，駕駛可選擇用電池剩餘電量百分比，或是用行駛剩餘公里數來顯示可續航里程。

　　許多人選擇電動車時，第一個考量的就是續航里程。由於電池技術持續突破，電動車續航里程不斷提升，化解消費者里程焦慮，讓電動車愈來愈受青睞。根據國際能源總署的統計，純電動車的續航里程逐年提升，從 2015 年的平均 211 公里，提高到 2021 年的 350 公里（如圖 10-1），等於是六年續航力提升了六成五。

　　由於消費者在意電動車的續航里程表現，大多喜好續航里程長的車型，國際大廠為迎合市場需求，2020 年

🚗 **小辭典**

續航里程、里程焦慮 ————

續航里程是電動車每次充滿電後，最長的行駛距離，續航里程愈長，表示剩餘的電量愈多。早年電動車電池的續航有限，加上充電設施不足，不像加油站設立多，電動車駕駛因擔心電力不足，而焦慮不安，稱為里程焦慮。隨著電池續航力提升及充電設施大增，稍稍緩解消費者購車時對續航里程的焦慮。

圖 10-1 2015 到 2021 年純電動車平均續航里程

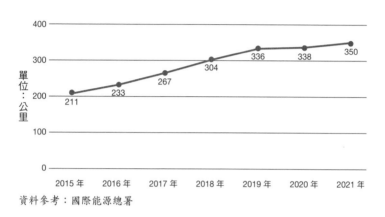

資料參考：國際能源總署

之後，新推出的電動車續航里程動輒在 400、500、600 公里以上，超過 700、800 公里的電動車也陸續問世。

如果以每天通勤來回距離 100 公里，續航里程 500 公里的車，四、五天才需充一次電，隨著續航里程的大幅提升，大大化解里程焦慮。

電池價格十年跌 89%

電動車續航里程的提升，可以從優化結構設計、降低能耗、提升電池的性能及效率等方面著手。

根據彭博新能源財經的調查，電池技術愈來愈好，近來平均電池能量密度以每年 7%的速度成長。

能量密度是指在一定的空間或質量的物質中，儲存能量的大小；電池能量密度的成長，對於續航里程的提升有絕對的關係。一般而言，電池能量密度包括電池芯（Cell）的能量密度，還有整體電池系統的能量密度。

電池芯是電池系統的最小單元，又稱電池單體。電動車的電池，一般稱為電池包，是由若干的電池模組所組成，而一個電池模組則由數個到數十個電池芯組成。

除了電池的能量效率，安全性和價格也是重要的考量條件。根據彭博新能源財經對電池價格的年度調查，2021 年電動車用鋰離子電池包的加權平均價格較前一年下降 6%，達到 132 美元／ kWh（瓩‧時），降幅雖然比 2020 年的降幅 13%來得低，但以近年原材料價格高漲

🚗 **小辭典**

瓩‧時（kWh） ————————————

kWh 是國際單位制符號，代表能量單位，中文稱千瓦‧時，或瓩‧時，相當於一件功率 1000 瓦的電子設備使用 1 小時消耗的能量，一般常稱為「度」，1 kWh 等於 1 度電。若一輛純電動車電池容量是 80kWh，代表從零電量到充滿 100%電量，需要至少 80 度電。

下還能降低，主要受惠於需求支撐；大廠大量需求可以攤平製造成本，以全球最大的汽車集團福斯旗下電動車的成本分析，電池成本可降到 100 美元／kWh。

和 2010 年的電池平均價 1200 美元／kWh 比較，十年間鋰離子電池平均價格大幅下跌了 89%。彭博新能源財經分析，主要有三個關鍵原因，一是採用新化學物質材料，二為運用新的製造技術，三是簡化包裝設計，在業界多方努力研發下，大幅減低電池成本。

若一輛電動車的電池容量是 80kWh，依彭博新能源財經統計的 2021 年電池平均成本，光是電池成本就超過 1 萬美元（132 美元 × 80 ＝ 10560 美元），假設一輛電動車的成本是 3 萬美元，電池成本即占 36%。但與過去電池可能占純電動車整車成本高達四、五成以上，甚至六成。電池價格下跌會直接反映在成本、售價上，讓電動車市場更具競爭力。

未來電動車銷量會高速成長，將更進一步支撐電池需求量，成本下降、續航力增加，有利電池和電動車價格交互影響雙雙再降低。

電池種類多，各有優劣

電動車用的電池可分兩大類：充電電池、燃料電

池。燃料電池因技術和成本因素，目前應用非常少，本書不多作著墨。

　　一般充電電池亦稱二次電池，是可以重複充電、蓄電的化學電池。充電電池種類很多，材料日新月異，例如鎳氫電池、鋰離子電池、鋰聚合物電池。其中，鋰離子電池（也稱鋰電池）是目前的主流技術。

　　鋰電池因能量密度高、循環壽命長、無記憶效應等優點，早期應用在各大手持消費電子產品中，例如手機、筆記型電腦、平板電腦等，之後鋰電池開始應用到工業產品、工作站；近年電動車產業興起後，鋰離子電池商機才真正爆發。

　　從鋰離子電池內部結構分析，主要是由正極材料、負極材料、電解液和隔離膜片等四個部分組成，被封裝在圓形鋼瓶內。

　　鋰電池因所用材料有鈷酸鋰（LCO）、磷酸鐵鋰（LFP）、三元材料（NMC）等，三元材料鋰電池是使用較多的鋰電池，其中的三元是指鎳、鈷、錳（或鋁）等三種金屬元素，而形成鎳鈷錳酸鋰或是鎳鈷鋁酸鋰等三元聚合物的鋰電池，由於三元正極材料不斷改良，質量符合電動車之要求，是發展前景最看好的新型鋰離子電池材料。

　　受新冠疫情和俄烏戰爭影響，礦產供給缺稀導致價

格高漲，鈷、鋰、鎳等原材料價格飆升，以 2022 年 5 月來看，鋰價格比 2021 年初高出七倍之多，原材料供給變數影響日增，以鎳為例，俄羅斯供應全球 20％高純度的鎳，如果原材料價格持續高漲，可能會轉向選擇密度較低的礦物。

像近幾年漸獲車廠青睞的磷酸鐵鋰電池，因不需要鎳或鈷，具成本低且相對安全的特性，在車用電池領域應用增加快速，其能量密度相對低，特別適合短程車輛。

相對於液態電池，另有固態電池的研發，近年來漸受市場關注。固態電池是去除電解液，改用全固態方式堆疊，不會因隔離層破損危及安全，能量密度又比鋰電池高 35％至 50％以上，續航力相對提升，且體積小、壽命長、穩定性更高，成為現階段各國電池廠研發的關鍵技術。但目前技術問題仍待克服，無法大量生產，成本高昂，未來技術是否能快速突破成為電池的明日之星？仍待觀察。

在地化生產，本地製造是趨勢

電池產業又可稱能源元件產業，主要由三個元件組成，電池芯、機殼、及電源控制板。電池產業供應鏈，上游包括電極、電解液、隔離膜、罐體等原材料供應商；

中游是電池芯廠；下游則是電池模組廠商。

電池芯，是電池產業供應鏈的核心，是電池系統中附加價值最高的元素，也是決定整個電池系統安全、性能和品質的根本，如果沒有電池芯產業，在電池產業只能算組裝業。

電池芯是高資本投入行業，且需要精良的開發技術，以及長時間的製造經驗積累，才能確保品質，電池芯向來是台灣廠商表現較為弱的一環。

要解決台灣在電池產業發展的痛點，要從電動車產業的現況與趨勢分析，關注幾個重要的關鍵點。

第一個關鍵是，全球電動車產業會走向在地化、本地製造的重要趨勢。

電池是電動車裡面非常重要的一環。電池包體積大、重量重、價格高，又有壽命限制，在車輛製造過程中，該何時組裝上車子？這是值得探討的問題。

假設在台灣買一輛歐洲品牌電動車，以製造、銷售的流程，電池廠依車規格生產電池，運到車廠之後和整車組裝完成；再從歐洲海運飄洋過海到台灣，再等待銷售，最後到了消費者手上。從電池出廠產出那一刻起，到車子上路，時間有可能長達一年或一年半。

電池芯的材料是化學物質，在庫存及運送的過程，會有安全的疑慮；且在此期間，原材料價格可能會大幅

波動。以安全性和成本考量，電池裝上車最好的時間點，應該愈接近銷售時點愈好。

換句話說就是趨近客戶端，最好的解決之道就是本地製造生產、本地組裝，縮短產地到消費者的距離，甚至可以等消費者訂車後，再裝上最新的電池。

引進國外電池技術合作，提升自製率

第二個關鍵是，本地製造電池、本地組裝車輛。根據 2021 年底財政部使用牌照稅稅源統計資料，台灣車輛市場共有 833 萬餘輛的規模（不含電動車和摩托車），其中包括自用、營業用小客車有 701 萬輛、大客車 3 萬輛、貨車 129 萬輛；而每年新登記領牌照的小客車近 40 萬輛。

如果以此量體來看，假設在二十年後全面電動化，每年至少有 40 萬輛車要「油」轉電。假設以這樣的規模基礎，整車要在地化、本地化，電池勢必要規格化，並有利於組裝的工序和製造流程。如果規劃得宜，可以導入電池規格相同或相近的車款、車種，就有足夠的經濟規模，可以實現在台灣本地製造電池、組裝車輛。

第三個關鍵是，引進國外技術合作，藉由國外電池產業的高手，補強實力。

《三國演義》著名的「草船借箭」，諸葛亮向敵人借

用武器，打贏一場仗。如果電池芯是台灣目前的弱點，已落後世界進程，若明知現階段在電池這個戰場已打不贏，何妨運用別人現有的資源和優勢？

　　永遠不要拿自己的弱點，去和別人的強項比；找到最佳的技術和強的業者合作結盟，截長補短，借力使力，發揮本身的強項，只要在電動車這個世界盃大戰場上，搶下電動車市場先機，就是最終的贏家。

　　台灣不一定要自己從頭研發電池技術，從零做起，或是建立本地品牌，即使是外商品牌，在台灣設廠生產製造，就是本地製造，也是另一層意義的自製率提升。

整合轉型，邁向電能總成系統商

　　解決電池芯的痛點，台灣業者還不妨考慮全方位電能解決方案，積極轉型，朝電能總成系統商的方向邁進。

　　電能在電動車供應鏈中，商機相對誘人。但在電能領域，台灣未來的機會點是在整合電芯、熱流、結構、電控等多元專業領域，以發展能量密度高、安全性高、壽命長的電芯，再搭配電池系統設計電能整合解決方案，以滿足車廠需求。

　　業者可身兼電芯廠、資通訊廠、模組廠等多元角色，將電芯、電池組設計、電池管理系統及三電整合為

一體，提供全方位的電能方案解決者。像是鴻華先進、中華汽車以及有打造電動巴士基礎的創奕能源等，都是具潛力的電能總成系統商。

如果能做到規格標準化，車廠拿你的電能總成系統去設計製造車款，將能創造出很大的產業價值。

電動車有多種為車輛補充能量的方式，像是為電池充電或更換電池。目前純電動車幾乎都是充電式。由於電池包又大又重，而且有安全性的絕對考量，必須要由專業站點做換電服務。

若換一個思維，假設電池、電能系統能做到規格標準化，也可以提升使用效率，或許可以設計更換電池的車款，像 Gogoro 機車可以充電也可以交換電池；或許哪一天，買車子不需要附電池，電力公司也可能是電池廠，隨處都有電池更換站，沒電時或電量低至某一比例，駛進換電站，換新電池後就可以上路。

中國大陸的電動車品牌蔚來曾推出一項新的服務，車主月繳 145 美元，就可享有換電站服務，車主開車進換電站，汽車被抬升後，換電系統自動栓開螺絲，取出數百公斤的電池，換一個滿電的電池，再鎖回螺絲，車主不需要下車，5 分鐘就可開著滿電電池的車離去。

台灣目前在電池產業雖然相對落後，但是未來仍有很多新的材料、新的技術、新的機會，等著我們去挑戰。

電池循環經濟市場商機大

　　電池的循環經濟，也是一個重要的產業。

　　鋰電池可以重複充放電，當多次充放發電後，或經常快充導致電池升溫，造成內部受損，效能衰退，續航能力會慢慢減少。續航力很差時，淘汰的電池，可以二次做儲能設備使用，或是三次回收廢材料再利用。

　　假設，以電池原始價格是 100 元，充電率低到 70、80%以下時，淘汰成儲能設備，可以賣出 30、40 元；等到蓄電效能再低到不及 20%時，可以再當廢棄物，賣 5元、10 元。這樣電池創造的總價值可能達 135 到 150 元。

　　如果電池不做妥善規劃，將來電動車完全取代汽車時，每年產生的廢棄電池極為龐大，廢棄電池堆疊起來會比101大樓還要高，還要投入極高費用做廢棄物處理。

　　另方面，電池回收利用還可以減少對電池材料礦物的需求，現階段，對礦物需求的影響或許很小，但在十年之後，電動車市場規模大到 1 億多輛時，回收資源對緩和礦產需求的貢獻就至關重要。

　　迎接電動車時代來臨的同時，許多人認為全面電動化也帶來缺電的隱憂。然而，電動車雖會增加供電的需求，但也會全面減少燃油的使用、空污形成及碳排放。

　　由於電動車肩負新能源革命的重要使命，各國政府

會大力支撐電動車的政策，會想辦法積極落實電力政策，解決缺電問題，供應足夠的電力，以達成能源轉型。

充電基礎設施普及化

電動車的盛行，除了提升電池效能、成本下降外，還必須建立在愈來愈多消費者使用方便且負擔得起的充電基礎設施，不論是在住家、辦公室、工作場所，或是百貨賣場、停車場、飯店等各種公共或私人的充電站、充電樁的基礎上。

在充電設施充電系統上，充電樁設施需要更加普及，需要良好政策法規協助推展；此外，目前充電樁的形式和規格多不勝數，也需歸納統一，才能更有效建置。

根據國際能源總署統計，到 2021 年全球公共設置的慢速和快速充電樁已增加到 180 萬個，和 2015 年比較，公共充電樁的安裝數量增加了七倍。雖然成長速度驚人，但不可諱言，缺乏充電基礎設施仍是電動車發展的障礙之一。

美國總統拜登在 2021 年中公開宣示，在 2030 年之前要新建 50 萬個充電站，預計投入 150 億美元，在高速公路沿線、各地方社區設立快速充電樁，隨著充電設施基礎建設的落實和普及，可望激勵電動車買氣升溫。而

其他各國在充電基礎建設上，也陸續推出相關政策支持。

　　一旦充電網絡無所不在時，充電的便利性，一來可減低里程焦慮，二來節省等待充電的時間，再則可降低每車電池的容量，進一步降低電動車成本和售價，並提高電動車銷量，刺激車市良性正向的循環。

　　國際能源總署預估，到 2030 年全球所有電動車（不含二和三輪車）將達 2 億輛；假設全球各國淨零排放承諾如期實現的話，全球電動車充電市場的價值到 2030 年將達到約 1900 億美元，預估成長二十倍以上。

　　換言之，未來和充電有關的基礎建設和產品服務，包括充電樁、充電槍、充電設備及充電站點管理系統、網路、金流等，將有二十倍的成長潛力，都是值得國內業者關注的新藍海。

快充慢充、有線無線，充電多樣化

　　充電樁等基礎建設是電動車發展的關鍵之一，台灣在充電領域積極布局，發展起步甚早，且已見成果。

　　早在 2011 年，車輛中心和台達電子合作打造了全台灣第一座全規格電動車充電站，包括交流電充電設備、直流電充電設備、充電站監控與管理系統等，站區內建置美國、歐洲、日本、中國等國際主流規格的充電設

備，是當時最具代表性的充電基礎設施，從這個充電站可以了解充電系統的全貌。

國際間存在多種充電介面，造成電動車使用者充電的困擾，一般分成交流電介面和直流電兩種介面。交流電充電器又稱為慢速充電器，是指充電功率低於 22 千瓦（kW）；超過 22 千瓦的屬於直流電充電器，又稱為快速充電器。

全球通行的電動車充電標準規格，主要是由國際標準組織、各國家及車廠的採用而成。目前經濟部標準檢驗局核准的國家標準充電規格總計有八種，如表 10-1 所列，主要是符合國際電工委員會（International Electrical Commission, IEC）標準的 Type 1、Type 2、日規的 CHAdeMO 快充（CHArge de Move）、歐美 CCS1/CCS2（快充、慢充）和中國大陸標準的 GB/T（快、慢充），共有三種交流電、四種直流電規格；再加上特斯拉專有 TPC 的充電介面規格。

由於規格難統一，各充電站建置時，會盡可能滿足所有車主需求，造成充電站內充電樁、充電器五花八門，對車主來說，並不便利；而且不同車款的充電接頭也不同，若需要使用與車輛接口不同規格的充電器時，還需要搭配相對應的轉接器。

不僅充電介面不同，充電樁、充電器樣式也多元。

表 10-1 台灣核准的八種充電樁國家標準

充電介面	國際標準				特斯拉
AC	Type 1	Type 2	GB/T		TPC
DC	CCS* 1	CCS 2	GB/T	CHAdeMO	

資料參考：經濟部標準檢驗局

* CCS（Combined Charging System）是綜合式充電系統，接頭分為上下兩部分，上半部和交流電慢充系統相容，下半部則是高壓直流快充供電線路。

直立式、壁掛式、單槍、雙槍等，還有無線充電的創新發明。充電設施又分家用、商用、公共使用等不同的需求，基礎充電產品除了直流電充電器、交流電充電器，還有充電站點管理系統、網路和金流等，充電基礎設施規格的統一和整合，造就了各種充電服務的需求，也創造充電服務產業的商機。

時間就是金錢，為滿足消費的需求，各充電器廠商不斷精進技術，充電速度愈來愈快。最快速的充電樁充電速度到底有多快？不到喝一杯咖啡、一杯茶的時間，車子就充好電。日規的 CHAdeMO 是開發純電動車快速充電方式的組織名稱，也是快充技術之名，源自日文「要喝杯茶嗎？」顯見充電快速，只要一盞茶的時間就完成充電，是電動車車主最大的希望。

業者積極追求提升快充速度，例如，國內充電樁領

飛宏科技與國際車廠合作，研發出台灣業界最大功率的快充充電樁。（飛宏科技提供）

導廠商飛宏科技，和國際車廠合作開發出 360 千瓦台灣業界最大功率的快充充電樁，十分鐘即可充電 80%，可跑 300 公里。

充電基礎建設即智慧城市微電網

電動車的電池不僅是電池，除了提供車子驅動行駛的能量，也可以變成儲能的裝置、行動電源。假設，突

然大停電了，儲存在車子裡的電量可以作為緊急備載電能，一輛車的電池容量是 80kWh，相當於 80 度電，如果技術上能和家中的電網相聯供電，以家戶月平均用電量 300 度，足夠應付一個星期的用電需求。如果申請時間電價並換裝智慧型電錶的話，停在車庫裡的電池夜間用離峰電價充滿電，白天做家用，也可省不少錢。

同樣的，不論是私人、社區、商場設置的商用充電站，或是公共充電站，除了連接市電外，也可以設置儲能設備，以確保停電時，仍有足夠的電力供應緊急備載用電需求。

電動車能儲能，充電站也能儲能，未來，形成遍布城市的儲電系統，再搭配物聯網、車聯網，即成為智慧城市的微電網。

若政府部門能從電力、交通和城市規劃等各個層面思考，對電動車充電基礎設施，做深入的全面性規劃、整合和建置，必可打造出智慧交通、智慧電網的城市新樣貌。

安全是打造美好未來的關鍵

未來純電池電動車會是電動車的主流，電池是一部車的心臟，是關鍵元素，除了追求成本降低、容量增

加、體積減小或重量減輕，安全性絕對是首要的考量。

為了避免電池發生危險造成傷害，在努力提升續航里程、儲電量的同時，在車身設計上更需多花成本補強，例如，加強電池的保護裝置，一旦撞擊破壞電池結構時，類似像安全氣囊一樣的機制，可以自動把電池包覆起來，以隔絕氧氣，防止燃燒等，透過技術的精進和設計，克服安全性的疑慮。

此外，像輔助駕駛功能，也可針對電池的安全性設計輔助功能，不只是幫助人類駕駛，保護駕駛人，也能達到監控、預防或保護電池的目的。

唯有安全、安心移動，我們才能享有美好的未來。

明 智 觀 察

1. 電池是電動車的核心元件，電池芯是附加價值最高的產業核心。

2. 未來電動車會走向在地化製造的趨勢，電池規格化更有利本地製造。

3. 引進國外電池技術合作，不僅掌握優勢，且能提升自製率。

4. 電池的利用和再利用都要提前規劃，循環經濟可以創造商機無限。

5. 充電基礎設施的普及，會加速電動車時代的來臨。

在地大推手

CHAPTER 11

如何加速起跑？

政策精準獎勵，帶頭衝鋒

一部車子在路上跑，因為安全性、資訊管控的考量，必須接受當地道路的限制和政策法令規範，因為政府一定會管控，政策、法令是否明確與完善，對剛要起步的電動車來說，牽一髮動全身，攸關產業未來的發展方向和進度。

電動車加速起跑，政策加持是關鍵

各國政府為推動電動車產業，紛紛訂立時限及目標，透過政府機關擬定法規政策、研究開發、導入營運以及標準化等方式，全方位推動。觀察國際上各國政府部門擬定的政策方向，不外乎：一、制定稅賦法規支持；二、優惠補助的市場誘因；三、基礎技術與設施研發建置的獎勵。

政策祭出胡蘿蔔，以補助優惠來看，主要為購車補助、電力補助、營運模式補助等三大類，其中，最重要的推手莫過於電動車購車補助，無疑是消費者願意進場的首要因素，唯有消費者肯進場購買，電動車產業才有起步機會。

其他獎勵補貼，包括免徵牌照稅、燃料稅、貨物稅、公有停車場免停車費、公有充電站免充電費等。

由於政策持續支持，成為 2021 年電動車銷量爆增的

助力。根據國際能源總署的報告，2021 年，各國在電動車補貼和激勵措施的公共支出將近 300 億美元，比前一年多了一倍，且愈來愈多國家承諾，未來十到二十年達成電動化的目標，並逐步淘汰內燃機汽油車。

　　預見未來電動車時代，會是因地制宜的產業，將來各國本地製造供應當地需求，本地製造的趨勢，政府和企業一起聯手掌握優勢，利用此千載難逢的機會，一定可以幫助業者本地練兵，並在世界盃勝出。

　　以下就消費面、產業面及政策面等面向分析，現行的補貼、獎勵政策，以及未來的政策如何盡快推動發展電動車的市場。

消費者補貼利誘最有效

　　從消費面來看，一般民眾、消費者要的是實質的補貼，也就是利誘效果最實際。以小客車為例，購買完全以電能為動力的純電動車，現行有以下稅賦優惠：

　　一、140 萬元以下免徵貨物稅，超過部分減半徵收。

　　二、免徵使用牌照稅。

　　三、免燃料稅，因以電能為動力，沒有使用燃料，永遠免徵燃料稅費。

　　第一、二項優惠，目前實施到 2025 年 12 月 31 日為

止，未來是否延長，再看政策而定。

　　以貨物稅來計算，只要完成新領牌照登記者，就可享貨物稅減免優惠，140 萬元定額免徵貨物稅，車價超過 140 萬元的部分，減半徵收。假設車價 200 萬元，貨物稅 30％，原本應繳 60 萬元貨物稅，只要繳 9 萬元〔（200 萬元－ 140 萬）×（30％÷2）＝ 9 萬元〕，與原本應稅費比較，節省了 51 萬元。若是舊車汰換買新車，回收及報廢還可以減徵 5 萬元貨物稅。

　　如果是自用的 2000cc 汽油車，一年牌照稅大約 1 萬 5 千多元，燃料稅一年 6 千多元；若換購電動車，兩項稅費一年可省下 2 萬多元，假設一部車最少開十年，就省了 20 幾萬元。

　　如果是營業用的計程車，也可享有汰舊換新補助。根據「交通部鼓勵老舊計程車更新補助要點」，如購置全新的電動車汰換舊車，純電動車補助 35 萬元、油電車則補助 25 萬元。補助款會分兩階段撥付，第一階段撥付七成，掛牌滿半年後無重大違規行為，並通過教育訓練，可再申請撥付剩餘三成；舊車若申請報廢，同樣享有貨物稅減免 5 萬元；同時減免使用牌照稅和燃料稅。

　　再加上，油錢比充電費用高，汽車的能源成本大約多出電動車兩倍，部分公用停車場目前提供免費充電服務，甚至免停車費或半價優惠，如果公共空間提供免費

充電站點愈多，電動車主充電費用可以省下更多的話，
消費者換購電動車的意願可能就更高。

公務車、商用車優先電動化

　　用政策補助或獎勵協助產業發展，以加快落實國產
化電動車時代的來臨，電動大客車已有國產化的第一
步，再來，政策應以公務車、商用車優先電動化著手。

　　以公務車為例，公部門各機關單位、國營事業的公
務車、學校的校車、救護車、郵務車、垃圾車，或公務
執勤車、警務巡邏車等，甚至於各國家公園、風景遊樂
園區的旅遊接駁車、導覽車，都應納入第一批優先電動
化的車輛。

　　再來則是公共運輸商用車，包括私人計程車、計程
車隊、租賃公司車隊、物流業大小貨車等車隊，都應優
先電動化。

　　公務單位可以編列預算，強制汰換，也可以提撥獎
金並訂出期限，愈早完成者獎金愈高；一般商用車，除
了針對購車者提供多元稅賦的補貼外，也可以提供現金
補貼，折抵車價、提供無息或低利購車貸款等，想盡辦
法讓各行各業盡早轉型，讓台灣進入電動車時代。

　　尤其是屬於經濟性要求比較高的車輛，像計程車、

郵務車、貨車、物流車等,這些商用車可能一天跑幾百公里,應成為台灣優先電動化的第一批車輛,如果由政府來鼓勵、導引,在減碳、減少燃油、節省成本上,一定會發揮效果。

以燃料成本來算,電動車的電能成本可以僅占燃油車的三分之一,或是更低。

以計程車為例,假設跑一公里的油錢是 2 元,一部汽油車一天跑兩百公里,要花 400 元油錢,則一部電動車同樣跑 200 公里,每公里電費大約 0.5 元,電費 100元,一天的價差就有 300 元,跑一個月下來,光油錢就節省快 1 萬元。

🚗 小辭典

ESG 企業永續投資 ─────

ESG 是環境保護(Environment)、社會責任(Social)和公司治理(Governance)的縮寫,被視為評估一間企業經營的指標。2004 年聯合國全球契約(UN Global Compact)首次提出 ESG 概念。ESG涵括:

E:溫室氣體排放、水及污水管理、生物多樣性等環境污染防治控制。
S:客戶福利、勞工關係、多樣化與共融等受產業影響之利害關係人等。
G:商業倫理、競爭行為、供應鏈管理、公司穩定度及聲譽相關。

除了購車補貼之外，可提供低利優惠貸款、現金補貼充電費用，或建設更多免費充電裝置等，政府相關部門可以多方研議政策，讓補貼方式更多元，以增加誘因。

例如，推出計程車汰換電動車優惠貸款專案，由公營行庫提供低利或免息貸款，假設換電動車每個月油錢省下 1 萬元，省下來的油錢拿出 7000 元繳車貸，每個月荷包還多出 3000 元，等於「無痛」換車，可望提高且加速車主汰換的意願。

對於以車輛作為商務營運及業務的企業，補貼帶來碳權的價值，例如台灣大車隊、新竹物流這些上市公司，電動化後減碳成效佳，符合 ESG 優秀公司，股價即會受青睞，諸如此類，實質的誘因可以給車廠、給車隊，也可給司機，只要多方設想，誘使企業、個人願意大幅跨進電動車領域，就啟動集體學習的氛圍，大家討論多了，自然就會吸引更多的關注。

發展基礎建設，法令也要同步

由於電動車的潮流已勢在必行，加快建置充電基礎設施及獎勵，周邊的充電設施基礎建設做得好，有助於提升電動車使用人口。

就充電服務而言，公車司機休息時，巴士會開回總

站，有自己的充電樁可以充電，計程車同樣應有固定的休息處，或是靠行的車有休息據點，或是司機有中午固定吃飯休息的地方，像高架道路橋下的公有停車場，可以設置固定式或機動式的貨櫃型行動電源，變成行動充電站，架設充電樁、充電座等，提供免費充電的服務。

2021年底，國內第一份「公共充電樁建置」計畫出爐，經濟部規劃在2025年之前，將在中央與地方所屬公有停車場及路邊停車格、高速公路休息區、大賣場、加油站、高鐵、台鐵與機場等附屬停車場，大量建置公共充電樁，藍圖若能落實，可望提升台灣電動車充電服務的品質。

一座快充、慢充設備的價差，可能高達上百或數百萬元，應獎勵飯店、賣場等業者，裝設快充充電設施，由政府撥給一定補貼或是減稅等優惠；甚至，對企業設置充電基礎設施，也同樣可提供補助。

或者修訂建築法規，對於新建案、大樓提出建設時，即要求提興建計畫；此外，例如，公有停車場委外營運招標時，設置充電設施就應列入評估審核的相關條件考量，以加快公共充電樁的布點。

除了廣設軟硬體建設，在相關法令修訂上也要同步，例如修訂都市公共設施用地使用辦法，擴大放寬符合法令規範，讓更多零售市場、公園、廣場、高架道路下層等公

共設施用地，可以作為電動車充電站及電池交換站使用。

補助不如獎勵，且要精準獎勵

　　就產業面而言，政策與其補助，不如獎勵。

　　宏觀的政策大方向要先擬定，假如，政策方向是要國產化，大方向就是「鼓勵國產化」。再來的重點就是鼓勵，要如何鼓勵？首先，誰在國產化跑得快，就給予鼓勵；其次，設立共同的標準，讓大家遵循，達到標準的效益愈大，獎勵就愈多。

　　不只是獎勵，而且要精準獎勵。何謂精準獎勵？精

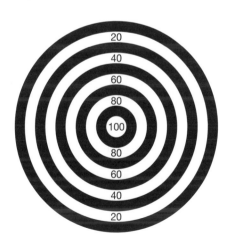

準就是精確、準確、明確之意，精準獎勵就是要更精確、明確定義獎勵的條件。

　　拿標靶來比喻，打靶或射飛鏢時，愈靠近靶心，分數愈高，命中靶心就是 100 分。當指標、方向愈明確時，愈能精準、快速的達成目標。

　　例如，鼓勵台灣生產關鍵性產品的廠商拓展外銷，只要做到能外銷出口，達到一個里程碑（milestone），就給予獎勵。

　　獎勵項目也可不只一項，不妨比照鐵人十項（十項全能的俗稱），訂出各種獎勵條件。鐵人十項是奧運比賽中，將十項不同種類的田徑項目組成一個競賽，運動的概念是考驗運動員個人的速度、體力、技巧、耐力及持久力。

　　同樣的，企業要永續發展，競爭力、國際性、成長性、創造力、創新性……，都是非常重要的元素。

　　像百米賽跑，跑得最快的第一名可以得到金牌，第二、三名依序是銀牌、銅牌，獲得的獎項不同，獎勵也會不同。例如，第一個出口、第一個出口歐美、連續五年出口第一、連續十年出口第一……，諸如此類，訂出能激勵企業成長、創新的項目評比，拿到前三名或一定比例的就給予獎勵。

　　以獎勵的角度來看，政府要做的是補缺乏不足之

處，引導產業、帶動經濟向上提升。台灣在電動車領域
還有很多項目缺乏關鍵技術，電池是最弱的一塊，尤其
是電池芯，政府就可以設法擬定方案來鼓勵突破困局，
如要吸引有優良技術的外商來台灣合作設廠，第一個來
台設廠、規模達多少，達成就給獎。

　　這就是精準獎勵，獎勵補助要到位，要切中核心。
獎項要如何訂、獎勵要如何給，都可以邀請專家討論研
議，集眾人的智慧，找出方法，找到台灣未來真正需要
的、有幫助的項目，做到真正的精準獎勵。

獎勵企業成為先鋒

　　過去台灣的獎勵政策都不夠精準，常是概括式的獎
助，例如，早年發展科技產業，半導體、電腦、通訊都
是高科技，以封裝為例，是最先進的半導體業封裝，還
是傳統封裝？是做電腦的主機板，還是做外接卡？做通
訊的加工，還是其他？每家公司都掛上高科技之名，但
做的是否真是先進的高科技，可能是個問號。

　　即使是高科技，也可以再精準分等級，按全世界最
先進、亞洲最先進、台灣最先進的技術，訂出不同的級
別，然後再看各個級別是第二、第三排名，再依級別、
名次給予獎勵。此外，先進的程度也要與時俱進，年年

都要排名評比。

　　就產業發展來看，創業初期的投資風險相對較高，尤其是產業開創者、先進技術者，為了獎勵產業開創性發展，政府提供稅收優惠。

　　參考新加坡、馬來西亞等地稅賦，值得借鏡之處，擁有先鋒地位（Pioneer Status, PS），被稱為先鋒企業或稱新興工業地位的企業，即享有稅收優惠待遇。先鋒企業是由政府部門界定，不是企業自封。

　　例如，依據新加坡的經濟擴張激勵（所得稅減免）法案，獲政府認可的先鋒企業（製造業或服務業），可享最多不超過 15 年免徵所得稅的優惠。該法案自 1967 年立法已行之多年，針對先鋒企業認證已修訂自 2024 年 1 月 1 日以後，不再批准先鋒企業認證。

　　而馬來西亞的先鋒企業，可就法定收入的 70% 減免所得稅，僅就收入的 30% 徵收所得稅，視行業別不同，稅收優惠期限也是五年到十年不等。

　　假設為鼓勵在本地製造生產，像整車廠，政府如能提供政策誘因，讓外商品牌願意投入，鼓勵採購台灣關鍵零件，只要能在台灣採購占先鋒地位，不管是美國的福特、日本豐田，只要符合本地製造的條件，就符合獎勵政策。不只是電動車，任何產業政策都適用先鋒思維。

多做多對，政府帶頭

產業發展初期，政府要做的事情很多，要有共識和決心，且要做得早，跑在業者前面，跑在民意的前面，積極引導產業發展。

回溯五十年前，如果當時政府沒有決心做半導體產業計畫，沒有設立獎勵投資條例的政策支持，誰願意冒風險去投資未來？如果沒有政策加持，台灣科技產業一定不會有今天；過去創造了經濟奇蹟，現今創造了護國神山。

一個孩子從開始學會爬行，到會扶著人或物品站立、移步，到敢放手顫顫巍巍學步，各個階段都需要父母長輩隨時在身邊關注，一路扶持、陪伴，才能讓孩子健康的走向成長之路。

一家企業從創立到成長，也需要政策加持，政府要如同父母，從扶持產業的角度，積極做產業領導者，從開創奠基，到幫助產業助跑，待做出成果，槓桿效應愈大，速度會加快，可以續航更久，政府稅收愈多、創造的就業和商機也愈多。

政府擬定政策時大多「不患寡而患不均」，不擔心分得少，卻擔心分配得不平均。公部門最怕被批評不公平，保守的做法就是利益均分、人人有獎，也是最不易有爭議。就個人或社會的和諧，對人民的權利要一視同

仁，但就經濟、產業的發展，不見得是好事，齊頭式平等的補助反而容易淪為「吃大鍋飯」，錢沒有花在刀口上，卻虛擲了大筆公帑。

許多公僕常有「多一事不如少一事、多做多錯」的心態，不妨放大格局，改變思維和心態，多做多對。其次，不要怕犯錯，推動政策，積極去做就會看到結果。

政府要做的事情太多了，第三個原則就是選擇馬上可以做、方向正確的項目去做，政策就錯不了。重要的是，不要怕「圖利」企業，站在產業的觀點，引導將來企業創造稅收，絕對就是正確的，企業能永續經營，政府才有永續的稅收。

以開車為例，車子要啟動起步時，第一個動作是什麼？方向盤往要去的方向打，踏板要動起來，擬定政策也是一樣，不要怕錯，有了方向就要動，一邊前進，一邊快速修正、調整。

台灣有 IC 產業的良好基礎，發展電動車比其他國家都具優勢，政府更應大力推動政策鼓勵產業發展，利用內需串聯供應商和製造商，促進內部經濟的良性循環，並協助廠商間相互了解產業需求和痛點，共同釐清規格、應用經驗及改良，打入國外車廠的供應鏈，甚至採用台灣材料、整廠輸出，以提升外銷能力，帶動外循環，創造更高的產業價值。

明 智 觀 察

1. 政策獎勵要大力加持，且要精準獎勵。

2. 用優惠稅收鼓勵先鋒企業，開創先進技術。

3. 公務車、商用車優先電動化，可協助產業發展，加快落實電動車國產化。

4. 政策多做多對，不要怕做錯，立即選定正確的方向，積極開始。

人才大考驗

CHAPTER 12

參與電動車革命吧！

跟著趨勢創業、就業，無往不利

歷史超過一百年的汽車業，向來被稱為「火車頭工業」，進入門檻高，屬於高資本、高技術的產業，龐大的供應鏈從鋼鐵、塑膠、橡膠、玻璃，到機械、電機、電子、服務業等多個領域。

電動車已經是未來的主流，「火車頭工業」的能量更勝以往，創造更多機會也帶來更大的挑戰。

產業發展結構和製造方式已大幅改變，加上，過去汽車從業人員沒有軟體能力和技術，現在要把聯網、通信、資料、演算法以及晶片等新技術融入汽車，使得人才面臨極大的挑戰。

近幾年晶片荒、半導體人才荒問題一一浮現，提早凸顯出電動車產業結構性人才短缺的隱憂，特別是跨領域的人才，需求更為殷切。電動車行業相關的工作，是未來人才培育的重點。

育才從教育體系開始

人才是一切的根本，但人才要從哪裡來？從教育體系來看，人才培育的專業教育就出現很大的缺口（Gap）。

就車輛專業來看，國內設有車輛工程系的大學院校原本就不多，僅北科大、屏東、虎尾、萬能、健行等幾

所科技大學，以及黎明、永達等技術學院；明志科大、修平科大，則在機械工程系設車輛組。

　　電動車輛是高度科技整合的產業，人才培育不是一個科系就能勝任。過去在汽車公司就業人才多來自機械、電機科系，到了電動車產業，跨領域專業不斷擴大，涵蓋系所遍及車輛系、電機系、機械系、資訊工程、工程自動化、工程管理等科系。

　　隨著台灣電動車市場未來趨勢和前景，教育體系必須加緊腳步填補專業人才的缺口，順應趨勢改變電動人才培育的方式。

一、設置電動車跨系跨領域學分學程

　　2017 年開始，電動車人才培育成為重要教育趨勢，許多大專院校轉向跨系院所，設置電動車跨院系學分學程，包括明志科大、台師大、聯合大學、崑山、龍華、嶺東等科技大學，成立智慧車輛或電動車輛跨領域學分學程，以因應電動車產業電子化、智慧化趨勢，導入物聯網、人工智慧、數位科技等新技術應用。

二、擴大和車廠、企業進行產學合作

　　設置研發中心，以培育訓練實務操作能力。像台科大設立智慧電動車研究中心、中興大學智慧電動車及綠

能科技中心，以及台達和台大的聯合研發中心，聚焦在電動車、人工智慧等領域。和過去企業出錢與學校合作設研發中心的模式不同，開始建立新的產學合作模式，讓企業和學生雙方在開發初期就一起投入研發新技術，建立實驗場域，或虛實整合實驗室，由企業投入研發人員協助，加速技術落地。

三、以能力鑑定給予證照

人才是企業的競爭力指標。根據瑞士洛桑管理學院（IMD）公布的《2021 年 IMD 世界競爭力年報》（*IMD World Competitiveness Yearbook*），台灣在 64 個受評比的國家中，排名第八名。其中「科學建設」項目進步到第六名，最值得關注的是，每千人研發人力高居世界第一；中高階技術占製造業附加價值比率、研發總支出占 GDP 比率、企業研發支出占 GDP 比率排名高居前三名，顯示台灣具有充沛的研發能量。

台灣有競爭力、有研發人力、有技術實力，但在電動車的趨勢大潮下，企業即便有人才訓練的需求，更需要有馬上能作戰的人才，但大多缺乏規劃的經驗，難以提出具體培育人才方的解決方案。

經濟部委託工業技術研究院產業學院，辦理職能基準發展鑑定考試，建立產業人才能力鑑定機制（Industry

Professional Assessment System, iPAS）。通過人才能力鑑定者，可獲得經濟部核發、教育部認可的能力鑑定證書，以協助大專校院強化學生的專業職能，培育產業需要的人才。

　　企業普遍都認可 iPAS 證照，擁有 iPAS 證書尤其如電動車機電整合工程師能力鑑定證書，優先面試機會更高，對於未來就業、加薪非常有幫助。

　　由教育部技職司提出「優化技職校院實作環境計畫」，補助科技院校設置考場和教學實作場域，像台科大、北科大、高科大、明志科大、長庚大學等，學校、產業公協會及企業參與能力鑑定並運用實作場域，讓教育、訓練、考試、企業用才等「教訓考用」合一，人才擁有就業保證和實戰力，企業能縮短員工從錄用到獨立作業的養成期間。

四、以賽促學，舉辦電動車設計比賽

　　透過競賽誘發更多學子學習的興趣。例如，國際汽車工程學會專為學生設計的「國際學生方程式賽車大賽（Formula SAE 或 FSAE）」。目前國內由各大專科技院校學生參與的電動車相關創意競賽，主要有兩個，一是「全國電動車創意與實作競賽」，已進入第四屆；另一是已舉辦兩屆的「台灣盃學生方程式聯賽（簡稱 FST）」。

透過由學生自行設計製造的國內外電動車競賽，以促進學校對電動車產業人才發展的重視，經由比賽建立學校、學生、企業之間開放技術的交流。

未來明星行業，各方人才都缺

在趨向聯網化、自動化、共享化及電動化的C.A.S.E.四大核心方向的電動車產業，集合車輛、電子、資通訊科技，整合許多應用裝置於一身，創造出人才的需求。

培育產業人才最重要的面向，就是研發專業技術的提升，電動車產業分工精細，需要的是新技術整合能力，以新技術決定人才結構，以目前的產業人力結構，大致包括軟體人才、架構設計人才、電池人才、晶片人才、巡航情境定義人才等，團隊管理則著重在跨界管理以及協助創新。

技術最終還是由人掌控，為了讓電動車產業整合能力更優異，人才結構的調整就非常重要。目前全球都面臨電動車機電整合的人才荒，台灣尤其缺乏熟悉歐美日產業規格的高端整合人才。但未來電動車產業的規模將比半導體大數十倍，是台灣最好的機會，也是最吸引人的明星產業，需要大量跨領域的專才。

　　把電動車比喻成一座行動房子，除了要會動，房子內部包羅萬象，舉凡機械、美工、室內設計、軟體、硬體、運算、控制、結構、空調、裝潢、材料等，各個關鍵零組件都需要人才；公司運作也需要各方人才，不僅是技術人才，像是國際行銷人才、產品設計人才、管理人才、財務會計人才……，每一個螺絲釘都缺一不可。

　　掌握趨勢比選對科系重要，像早年，進入半導體行業的人，不一定比其他人優秀，只是相對運氣好，遇到半導體大好，順勢快速成長。大家都羨慕能在護國神山工作，但在台積電工作的 5 萬多人，不見得都來自台交清成四大名校，也不見得都是電機、資工背景，只要能進入都是工作機會，財會、管理等都需要人才。

　　第一重點是要找對行業，在成長的行業累積資歷，將來就會有較好的發展。以竹科為例，跟著科學園區的發展走，連做紙箱、報關的公司都賺錢，市場趨勢會帶動發展的機會。

　　在一個有成長空間且能獲利的行業，可以期待得到最好的報酬，電動車不可能像過去 3C 電子產品般殺價取量，低價不會有利潤，沒有利潤，付不起高薪，則留不住人才；若沒有利潤就無法投入創新，開發新技術，因此到有潛力、有前景的電動車相關公司上班，人才將更有機會發揮價值。

Z 世代人才發揮的舞台

　　傳統汽車著重硬體，電動車時代將「軟硬兼施」。
軟體人才和硬體人才的培育、養成的經驗和所需時間不
同。硬體人才重視經驗累積，需要經過多年磨練砥礪；
但軟體人才則不一樣，需要反覆運算、除錯試誤，才會
更快成長，軟體人才普遍年紀輕輕就能獨當一面，培育
養成期短，淘汰也快。

　　因此，在車聯網智慧化發展快速的趨勢下，電動車
人才更具成長性，也更年輕化。

　　在未來十年、二十年、三十年，電動車產業會持續
高速成長，將是 Z 世代發揮的舞台。

🚗 **小辭典**

Z 世代 ————

Z 世代是指 1997 年以後出生的年輕人。
1997 年，是世界的大轉折年，那一年 Google.com 網域名稱註冊，
Google 被當成通往全世界資訊的入口，從此，搜尋為生活帶來無遠弗
屆的影響力，成為改變世界的力量。

明智觀察

1. 電動車已非一科一系教育所能涵蓋，跨領域學習和人才培育是趨勢。

2. 高度系統整合的電動車產業，機電整合人才需求最為殷切。

3. 電動車產業需要各種人才，掌握趨勢盡早跨入行業，發展機會更好。

結語
關鍵時刻，謀定「速」動

　　電動車的未來已經來到，智慧化移動交通，將醞釀一場人類生活的大革命。

卡位要趁早

　　電動車產業正加速擴張，傳統汽車品牌加速朝電動化轉型，或成立電動車品牌，不論是傳統車廠、電動車廠，甚至新創小廠，都傾全力研發創新，搶占商機。

　　根據彭博新能源財經研究公司的《2022年能源轉型投資趨勢》報告，2021年電氣化交通包括電動汽車和相關基礎設施支出在內的投資額達2730億美元，成長率高達77％。自2014年以來的投資年複合成長率約48％。

　　燃油車大限不論是在2030或2040年，都在催促電動車產業加速完備。如何把電動車的成本和售價降低，提升購買及使用意願，是電動車產業目前關鍵。當電動車和汽油車兩條曲線交叉之後，一切水到渠成，電動車

即會以驚人之勢起飛成長。

黃金交叉點會落在何時？目前市場各自猜測，實際落點仍是未知數，但可以肯定的是，投身電動車的時間愈慢，轉型的時間就愈晚。政府應該要盡早啟動政策配套，帶動整個產業學習，速度愈快，愈早搶占市場先機；反之，如果學得比別人慢，愈晚轉型，將會失去進入市場的優勢。

決戰 2025，努力變成優秀「咖」

根據英國經濟學人智庫（Economist Intelligence Unit, EIU）的調查報告，歐洲汽車製造商絕大多數品牌生產電動車比重超過 50％的時間點，將會落在 2025 至 2030 年之間。以這個時間落點來看，能否在這場賽局中底定江湖地位，2025 年是決定性的關鍵。

換言之，2025 年是關鍵年。若到 2025 年，在電動車領域已是個「咖」，你肯定很優秀；相對的，如果到 2025 年，還不能成為一個「咖」，就很難有所作為。

電動車這塊大商機，台灣絕對不可錯過。這是下一個跳躍成長的契機，然而關鍵在於 2025 年之前，台灣能不能擺好陣勢？如果到 2025 年之前，還沒有準備好，大概就很難建立一席之地，最終遭到市場邊緣化。

　　天下武功唯快不破，速度就是競爭的本質，要能在最短的時間內跑贏對手，才有機會領受勝利的獎章。在這場電動車卡位戰中，比的是速度。台灣擁有從汐止到台中的產業鏈，地理位置循環快、連結力快、決策快，又擁有 IC 的核心競爭力，這些優勢都提供了台灣搶快的基礎。

　　以公信電子為例，投入車載電子產品領域已超過二十年，也因此在電動巴士的車身控制已累積豐富的經驗，奠定基礎，相較於其他後進競爭對手，自然具備優勢。術業有專攻，只要選定一個專業領域，選定產品然後努力耕耘，在專業的領域比別人優秀，才有機會站上競爭的舞台。

　　台灣電巴已上路並出口、《Auto IC Master》的問世、全家智慧零售電動車的亮相，在在證明台灣具備電動車技術及能力，並且可以很快端出成果，只要下定決心勤練功，必可創造出一個個亮點。

謀定而「速」動，奮力迎戰

　　改變，就創造新機會、新的商機，不論是就業市場，還是投資市場，都能在電動車領域找到台灣新價值。

　　如果二十年或三十年前就參與半導體的就業市場，

和半導體產業一起打造核心競爭力，今天身價也會水漲船高。未來的電動車將如同半導體產業崛起，但規模和機會遠遠大於半導體行業，電動車的崛起，創造了許多好機會，每個人都應努力抓住機會，與趨勢共舞。

　　商機即錢潮，電動車領域不斷出現新技術、新商業模式，讓投資市場對移動商機高度關注，相關題材個股成為投資新寵。回頭看看二十年前台積電的股價，如今是過去的十餘倍；以長期投資的潛力，非電動車莫屬，例如特斯拉，儘管賠了十幾年，但它重新定義電動車，創造無與倫比的企業價值，就是最佳投資的機會。

　　電動車技術愈來愈先進，不論是設計還是內部零件，台灣沒有不會做的。在台灣，與電動車相關的產業中，有許多默默創造價值的隱形冠軍或高手，時機一到必定發光發熱，只要跟上台灣列車，你就可能成為贏家。

　　在電動車的跑道上，許多人都摩拳擦掌，奮力迎戰。面對電動車百年一遇的競賽，你，準備好進場起跑了嗎？

致謝

　　三年前我還是個電動車門外漢。

　　有幸倡議推動交通科技產業會報，得以結識多位產、官、學、專家貴人，進而學習觀察，全面了解電動車產業。在此大膽描繪我看到的台灣電動車產業大未來，我特別感謝這些教導我、幫助我的朋友們。

　　首先感謝政府部門：交通部林佳龍前部長、王國材部長、黃玉霖前政次、黃荷婷主祕、王穆衡參事、台灣車聯網產業協會（TTIA）吳盟分理事長、車輛中心王正健總經理、行政院科技會報辦公室葉哲良執祕、國發基金蔡宜兼副執祕、工業局呂正華前局長、林華宇組長、盧文燦副組長、童建強科長，在百忙之中接見我，洽商討論政策方向及推動方式。

　　接下來我感謝公信的夥伴：鴻海劉揚偉董事長、鴻華先進陳榮貴、陳正夫、MIH 鄭顯聰、魏國章、瑞昱郭協星、勤崴柯應鴻、華電聯網陳國章、華德動能蔡裕慶、成運吳定發，教導我各相關領域的知識。

　　最後感謝所有協助打造全台第一部智慧零售電動車所有的朋友：台南市戴謙副市長、交通部公路總局陳文瑞局長、台南市經發局蕭富仁副局長、台南市交通局公運處吳俁之處長、南科蘇振綱局長、全家簡維國、黃士杰、三圓陳英宗、中華台亞涂勝國、合擎羅修賢、吳智淵、信通黃釗輝、黃安正、飛宏林飛宏、捷能林士賢、創奕能源黃振聲、萬旭張程欽、隆勤張世輪、全康精密黃震光、公信黃建仁、王英傑、鄭兆均，和所有全力以赴、合作無間、不眠不休五個月打造新車的同仁。

　　由衷感謝大家，我將持續關注這個產業，也期待大家繼續給我指導。

附錄一

SAE J3016 車輛自動駕駛等級分類及定義

2014年，SAE 道路自動駕駛委員會發布一份 J3016《道路機動車輛自動駕駛系統相關術語分類和定義》的標準化報告，根據車輛駕駛控制程度不同分六種等級，對於分級定義、相關要件、名詞都細化描述；但並不提供駕駛自動化系統的規範。

由於電動車及自駕車研發技術日新月異，SAE 也與時俱進，不定期增修自動駕駛的名詞與定義的補充或更新，2016年、2018年、2021年修訂更多的定義、功能解釋。

車輛自動駕駛等級分類及定義一覽表

分級 Level	名稱	定義	動態駕駛任務（DDT*）		主系統備援 DDT Fallback	設計行駛範圍和道路條件（ODD*）
			控制方向、速度等	駕駛環境監控、偵測及反應（OEDR*）		
0	無自動化駕駛	全部由駕駛人操控，即使有加強主動安全系統。	駕駛人	駕駛人	駕駛人	有限制
1	輔助自動駕駛	大部分由駕駛人操控，搭載自動輔助系統，如車道偏離警告、前碰預警或防鎖死煞車系統等幫助行車安全、減低駕駛疲勞。	駕駛人及系統	駕駛人	駕駛人	有侷限
2	部分自動駕駛	由駕駛人控制車輛，但輔助系統能讓駕駛減輕操作負擔，例如主動式巡航定速，並結合自動跟車和車道偏離警示、自動緊急煞停、盲點偵測和汽車防撞系統等。	系統	駕駛人	駕駛人	有侷限

3	有條件自動駕駛	在大部分情況下由系統自動駕駛，但駕駛人需隨時準備控制車輛。	系統	系統	駕駛人需隨時準備好因應狀況	有侷限
4	高度自動駕駛	駕駛人在條件允許下讓車輛完整自駕，啟動自駕後，不必介入控制；也可由電腦控制自行上路。	系統	系統	系統	有侷限
5	完全自動駕駛	由自動駕駛系統完全操控上路，完全不需要駕駛人。	系統	系統	系統	無限制

資料參考：SAE J3016

* **動態駕駛任務**（Dynamic Driving Task, DDT）

車輛行駛時，執行所有即時操控的動作，例如，加速、減速、左轉、右轉、打燈號，和監控車輛及道路情況，確定何時改變車道、轉彎、使用燈號等。

* **物體與事件偵測與反應**（Object and Event Detection and Response, OEDR）

對於物體、事件的偵測、認知、分類及反應做準備，或監督駕駛環境、執行對物體或事件的反應。

* **設計行駛範圍**（Operational Design Domain, ODD）

設計駕駛自動化系統或功能的使用狀況，包括地理區域、道路、環境、速度或時間限制等不同的情境。

附錄二

純電池電動車主要系統分類應用及產品一覽表

系統分類	應用系統	系統產品
整車控制系統	整車控制器（VCU）	整車駕駛行為控制、防盜管理、性能管理
	車身控制器（BCM）	配電管理、控制開關與感知器管理
	閘道器（Gateway）	訊號管理、訊號分流、迴路配給
車用電器系統	電機系統	開關整合介面、空調恆溫系統、各式踏板旋鈕
	電子系統	胎壓偵測、雨刷系統、智慧鑰匙與防盜系統
	電迴系統	高壓電路、低壓電路、通訊迴路、視頻迴路
車載資通訊系統	駕駛資訊系統	車用顯示系統、導航系統、車內網路系統、雲端通訊與雲端應用
	娛樂系統	汽車音響、汽車影音多媒體系統、車用數位電視、車用遊戲機、手機介面，移動應用軟體
	人機介面	圖形使用者介面（GUI）、聲控介面、生物辨識、影像識別系統、法規執行、使用者經驗記憶與優化系統
車身系統	車身系統	車體車架、車門系統、中控台與內裝系統、引擎蓋行李箱蓋、車上各處支架、碰撞結構系統
	車裝系統	電動車窗天窗、電動座椅、雨刷控制系統、智慧頭燈控制系統、倒車影像及倒車警示系統

安全系統	主動式安全系統	適應性巡航系統、夜視系統、適應性頭燈系統、車道偏離警示系統、胎壓監測系統
	被動式安全系統	輔助安全氣囊、停車輔助系統
動力系統	馬達系統	驅動馬達系統、馬達控制器、軸組系統
	傳動系統	電子控制變速系統
	動力周邊系統	馬達固定方案、冷卻系統、各種配線配管
底盤系統	底盤動態管理	循跡控制系統、車身動態穩定控制系統
	懸吊系統	懸吊結構系統、電子懸吊控制、輪胎系統
	轉向系統	電子輔助轉向系統
	煞車系統	基礎煞車系統、動態煞車控制系統、動能回收再生煞車系統
	次世代底盤系統	線傳駕駛控制系統、ADAS 配套系統規劃
動力電池系統	電池系統	電池芯、電池模組、電池包、電池管理系統、電池斷電系統
高壓管理系統	充電系統	充電樁、電源線、充電槍、電源零組件
	高壓配電	DC-DC 轉換器、OBC 車載充電器、HVJB 高壓配電器、HVIL 高壓互鎖管理

資料參考：車輛中心、工研院

附錄三

電動車相關產業及代表性公司一覽表

產業／系統／零組件／模組	公司
正極材料	台塑鋰鐵材料、立凱電能、尚志精密化學、泓辰材料、長園科技、美琪瑪國際、康普材料
負極材料	中鋼碳素、台灣中油、榮炭科技
電解液	台塑石化
隔離膜	明基材料、前瞻能源
矽鋼片	大亞鋼鐵、中鋼
銅線	大亞電線電纜、台一國際
磁性材料	喬智開發、磁科
線束	貿聯國際、萬旭
電池芯	有量科技、能元科技、新普科技
定／轉子	富田電機、億新精機
功率模組	台達電、朋程、達信綠能、國創
電力轉換模組	台達電、康舒科技
充電電源線	信邦電子
充電槍	信邦電子、健和興端子、崧騰企業
充電模組	台達電、康舒科技
電池模組	正崴、行競科技、西勝國際、能元科技、創揚科技、喬信電子、順達科技、新普科技
電池管理系統	台達電、光寶科技、致茂電子、創揚科技

馬達	士林電機、大同、台達電、東元電機、富田電機、信通交通器材、愛德利
驅控器	台達電、東元電機、致茂電子、信通交通器材、威剛科技
傳動／變速箱	和大工業
車載充電器	台達電
充電設備	台達電、光寶科技、飛宏科技、起而行、華城電機
電池系統	必翔電能、行競科技、能元科技、新普科技
充電系統	台達電、正崴
散熱設備	建準、元山、柏匯、騰輝電子、兆科科技
動力系統／轉向器／驅動板／懸吊系統	台達電、倉佑實業、台全電機、寧茂企業、威剛、秀越實業、聯寶電子、世祥汽材、元成工業、祥儀企業、健泰工業、煌裕汽車、豐達科技、捷能動力、盈聯通、宇貫企業、鋁泰工業、隆勤、台帷、捷能動力
顯示器模組	華洋企業、造隆、誠美材、臻鼎科技、晶達光電、宸鴻光電、佳能、兆欣科技、新益先創、船井電通、群創、友達、瀚宇彩晶
車燈照明設備	帝寶、隆茂工業、聯嘉、映興、億光電子、葳天科技
鈑金、底盤	茂雄金屬、鴻準、業成、協欣
空調	新舒車企業、永彰
光學、鏡頭	正達光電、今國光學、光寶科、紘立光電、昶躍科技、睿騰創意、中潤光電、巧競實業、亞光、佳凌

電子零件	東陽、泰頤科技、美佳交通工業、開發工業、裕器工業、永仁工業、正道、裕隆集團、穎西工業、國巨、慧國工業、秀波集團、台灣人本、大億、億新精機廠、毅嘉科技、六方精機、穎漢科技、亞弘電科技、劍麟、訊凱國際、喬集應用材料、世曄實業、科威聯、宏利汽車部件、台灣日鍛、永鴻興、培林貿易、台塑、特耐第國際、聖崙企業、亞勳科技、駐龍精密、嘉彰集團、信通交通器材、今皓實業、江申、台惟工業
車用電子、晶片、半導體等資通訊	聯華電子、台積電、威力暘、新呈工業、廣美科技、偉詮電、榮復國際、文曄科技、百容電子、乾坤科技、阜聯電子、翹慧事業、鴻騰精密、隆達電子、台光電子、神達數位、亞弘電科技、信鍇實業、喬越實業、瀚薪科技、慧榮科技、強茂、瑞昱、聯發科、美隆工業、協欣電子、公信電子、聯詠科技、大毅科技、群聯、佑華科技、力旺電子、展匯科技、雷捷電子、智原、連宇、iST宜特、熵碼科技、增你強、友尚、京威先進科技、義隆電子、義晶科技、芯鼎科技、聯陽半導體、原相科技、凌陽科技、盛群半導體、鴻海科技
自動駕駛系統	台灣智慧駕駛公司、大眾電腦、勝捷光電、鑫創電子、歐特明、景相科技、威強電、樺漢科技、凌華科技、安勤科技、極趣科技、和碩、廣達
車載影音系統／智慧座艙	宇碩電子、車美仕、怡利、常禾電子、公信、憶聲
毫米波雷達	為昇科、啟碁

感測系統	怡利、輝創、閎泰、同致電子、航銓科技、奇美車電
品質檢驗／安全監控	是德科技、致茂電子、橙的電子、永新控股、中國探針、為升科技、亨通國際、合信汽車、唐碩科技、掌宇、景翊科技、千竣科技、可取國際、芯鼎科技
自動化／物聯網／無線通訊技術／資安	系統電子工業、綠動未來、驊陞科技、耀登集團、融創新科、台虹、連騰科技、至上電子、廣運機械、佳必琪、東台精機、龍駒貿易、創星物聯科技、台灣索思未來科技、華碩、宏康智慧、亞勳科技、海華科技、遠傳、遠通、鼎天國際、優必闊、芯鼎科技、科洛達、趨勢科技、VicOne、智電系統
電動乘用／商用車	中華汽車、台塑汽車、國瑞汽車、裕隆汽車、鴻華先進
電動巴士	成運汽車、唐榮車輛、凱勝綠能、創奕能源、華德動能、鋐智新能源、鴻華先進、總盈汽車
電動機車	三陽工業、中華汽車、光陽工業、宏佳騰動力、其易電動車、冠美科技、睿能創意、摩特動力、蓋亞汽車（三輪物流車）、捷轆（三輪物流車）、品睿綠能
車載記憶體	鈺創、旺宏、華邦、晶豪
車用半導體公協會	SEMI 國際半導體產業協會

資料參考：證券交易所、經濟部國貿局、天下雜誌
（注：從事電動車相關系統模組及零組件公司繁多，僅列舉代表性公司）

附錄四

電動車相關名詞英中譯文對照表

A

Anti-lock Braking System（ABS）防鎖死煞車系統
Adaptive Cruise Control（ACC）主動式車距調節巡航控制系統
Autonomous Control Unit（ACU）自駕控制元件
Automated Driving System（ADS）自動駕駛系統
Advanced Driver Assistance Systems（ADAS）先進駕駛輔助系統
Autonomous Emergency Braking System（AEB）自動緊急煞車系統
Aftermarket（AM）後裝市場
Automatic Parking System（APS）自動停車系統
Autonomous vehicles（AV）自動駕駛車

B

Body Control Module（BCM）車身控制器
Battery Electric Vehicle（BEV）電池動力車
Battery Management System（BMS）電池管理系統

C

Controller Area Network（CAN）控制器區域網路
Combined Charging System（CCS）綜合式充電系統

D

Drive By Wire（DBW）線控技術
DC-DC Converter（DC-DC）直流轉換器
Dynamic Driving Task（DDT）動態駕駛任務

E

Electronic Control Unit（ECU）電子控制單元
Electronic & Electrical Architecture（EEA）電子電氣架構
Electrical Parking Brake（EPB）電子式駐煞車系統
Electronic Brake-Force Distribution（EPD）電子煞車力道分配
Electric Power Steering（EPS）電動輔助轉向系統
Extended Range Electric Vehicle（EREV）增程型油電混合車
Electronic Stability Control（ESC）電子穩定控制系統
Electric Vehicle（EV）電動車
Electric Vehicles Initiative（EVI）電動車倡議

F

Fuel Cell Electric Vehicle（FCEV）燃料電池電動車
Formula SAE（FSAE）國際學生方程式賽車大賽
Formula Student Taiwan（FST）台灣盃學生方程式聯賽

G

Global Navigation Satellite System（GNSS）全球衛星導航系統

H

Hybrid Electric Vehicle（HEV）混合動力電動車

Head-Up Display（HUD）抬頭顯示器
Hybrid Vehicle（HV）混合動力車

I

Internal Combustion Engine Vehicle（ICEV）內燃引擎車
In-Vehicle Infotainment system（IVI）車用資訊娛樂系統

M

Mobility as a Service（MaaS）交通行動服務
Microcontroller Unit（MCU）微控制器單元
Human Machine Interface（MHI）人機介面

N

New Energy Vehicle（NEV）新能源車

O

On-Board Charger（OBC）車載充電器
On-Board Diagnostics System（OBD）車載診斷系統
Operational Design Domain（ODD）設計行駛範圍
Object and Event Detection and Response（OEDR）物體與事件偵測與反應
Over-the-Air（OTA）空中下載技術

P

Power Distribution Unit（PDU）高壓配電單元
Power Electronics Unit（PEU）電力電子單元
Plug-in Hybrid Electric Vehicle（PHEV）插電式油電混合車

S

State-Of-Charge（SOC）電池電量狀態

T

Transportation as a Service（TaaS）交通即服務

V

Vehicle Control Unit（VCU）整車控制器
Vehicle Management System（VMS）動力總成管理系統

Z

Zero Emission Vehicle（ZEV）零排放車

財經企管 BCB772

電動車產業大未來

作者 —— 宣明智、傅瑋瓊

總編輯 —— 吳佩穎
副總編輯 —— 黃安妮
責任編輯 —— 黃筱涵
封面作品及攝影 —— 楊柏林
封面暨內頁美術設計 —— 陳文德
校對 —— 魏秋綢

出版者 —— 遠見天下文化出版股份有限公司
創辦人 —— 高希均、王力行
遠見・天下文化 事業群董事長 —— 高希均
事業群發行人／CEO —— 王力行
天下文化社長 —— 林天來
天下文化總經理 —— 林芳燕
國際事務開發部兼版權中心總監 —— 潘欣
法律顧問 —— 理律法律事務所陳長文律師
著作權顧問 —— 魏啟翔律師
社址 —— 台北市 104 松江路 93 巷 1 號
讀者服務專線 —— (02)2662-0012 | 傳真 —— (02)2662-0007；2662-0009
電子郵件信箱 —— cwpc@cwgv.com.tw
直接郵撥帳號 —— 1326703-6 號　遠見天下文化出版股份有限公司

電腦排版 —— 中原造像股份有限公司・黃齡儀
製版廠 —— 中原造像股份有限公司
印刷廠 —— 中原造像股份有限公司
裝訂廠 —— 中原造像股份有限公司
登記證 —— 局版台業字第 2517 號
總經銷 —— 大和書報圖書股份有限公司 | 電話 —— (02)8990-2588
出版日期 —— 2022 年 8 月 31 日第一版第 1 次印行
　　　　　　2023 年 3 月 23 日第一版第 5 次印行

定價 —— NT420 元
ISBN —— 978-986-525-731-6
EISBN —— 9789865257309（EPUB）；9789865257293（PDF）
書號 —— BCB772
天下文化官網 —— bookzone.cwgv.com.tw

國家圖書館出版品預行編目（CIP）資料

電動車產業大未來／宣明智，傅瑋瓊著. --
第一版. -- 臺北市：遠見天下文化出版股份
有限公司，2022.08
280面；14.8×21公分. --（財經企管；772）
ISBN 978-986-525-731-6（平裝）

1.CST：電動車　2.CST：產業發展

447.21　　　　　　　　　　　　111011599

天下文化
BELIEVE IN READING